园林花卉
识别与实习教程
（南方地区）

王晓红　主编

中国林业出版社

主　　编：王晓红
副 主 编：王　锦　翁殊斐
参编人员：王晓红　王　锦　翁殊斐　刘克旺　石明旺
　　　　　颜玉娟　曹基武　喻硕林　潘百红

图书在版编目（CIP）数据

园林花卉识别与实习教程：南方地区 / 王晓红主编. --
北京：中国林业出版社，2010.10（2022.8重印）
ISBN 978-7-5038-5954-0

Ⅰ. ①园… Ⅱ. ①王… Ⅲ. ①花卉－观赏园艺－教材
Ⅳ. ①S68

中国版本图书馆CIP数据核字(2010)第192142号

出版发行	中国林业出版社（100009　北京西城区刘海胡同7号）
印　　刷	河北京平诚乾印刷有限公司
版　　次	2011年1月第1版
印　　次	2022年8月第5次
开　　本	170 mm × 240 mm
印　　张	13.5
定　　价	58.00元

前 言

《园林花卉识别与实习教程（南方地区）》可作为园林花卉学、观赏植物学等课程的实习教材，适用于园林、园艺、景观设计、城市规划、农学、林学、环境艺术等相关专业的大专院校学生及园林工作者、广大花卉爱好者使用。主要介绍了中国南方地区常见栽培的园林花卉及新近引进的应用前景较好的花卉，全书共480余种（含品种），1000多张照片。

本书有以下几个特点：

1. 全书分为十章，第一章为概论，除介绍了园林花卉的分类及应用外，考虑到多数园林专业同学及花卉初学者缺乏花卉识别必学的形态术语知识，特编写了对花卉分类识别影响较大的花、茎、叶的形态描述。限于篇幅，其他形态术语请查阅植物学教程。第二至十章为各论部分，将园林花卉分为九大类，分别介绍其形态特征、生态习性、花期花语、园林应用及种类识别。

2. 对花卉的分类采用哈钦松（J.Hutchinson）分类系统，并以此来排列科的顺序，同科植物按照拉丁名首字母先后排列。

3. 图文对照，形象直观。文字精简，抓重要特征描述。每个种配有局部特写、全株图和应用景观图（少数种类除外）。照片不求艺术效果，但求清晰并能反映出植物的显著形态特征。

4. 以相似种类的识别为本书最大的特色。将形态相似或者名字易混淆的种类，罗列一起，对重要识别特征进行对比介绍，以帮助读者进行关联记忆，抓识别要点，避免被这些模糊的细节所混淆。如名字上极易混淆的半枝莲、半支莲、半边莲，这三种花卉分属不同的科，从科的特点上区分，就容易记忆了。又比如，春羽和龟背竹，三色堇、角堇和夏堇，万寿菊和孔雀草等，只要抓住识别点，这几种易混淆的植物就不会张冠李戴。

5. 附录中精选了九个花卉学实验实习项目，便于课程实验实习中参考。

6. 南方地区涵盖华中、华东地区，西南地区及华南地区，三地区地幅广，气候差异大，花卉种类多。本书编写的大部分花卉在三个地区都适宜生长。少量花卉在生态习性描述中，如果注有喜暖或不耐寒，表示最宜在华南地区应用。如注有喜凉爽气候，则表示宜在西南地区应用。

本书在编写和出版过程中得到了中南林业科技大学环艺学院、西南林业大学、华南农业大学的大力支持和沈阳农业大学雷家军教授、毕晓颖副教授的倾力帮助，朱江江、杨海军、李撰、刘晖宇、邓临峰、汤圆、安然、许萍萍、赖巧辉等同学参与了部分图片编辑和文字校对工作，在此一并表示真挚的谢意。

由于时间仓促，图片工作量大，编写人员水平有限等诸多因素，书中难免有疏漏和错误，敬请读者批评指正，以臻完善。

编者

2010.5

目录

第一章　概　论 ·············· 1
　一　园林花卉 ·················· 2
　二　花卉的基本形态识别特征 ······ 3
　三　花卉的应用 ················ 13

第二章　一二年生花卉 ········ 17
　飞燕草、黑种草 ················ 18
　虞美人、醉蝶花 ················ 19
　羽衣甘蓝、桂竹香、紫罗兰 ······ 20
　三色堇 ······················ 21
　石竹 ······················· 22
　高雪轮、半支莲 ················ 23
　红苋菜、地肤 ·················· 24
　五色苋、雁来红 ················ 25
　鸡冠花、千日红 ················ 26
　花亚麻、凤仙花 ················ 27
　月见草 ······················ 28
　紫茉莉 ······················ 29
　黄秋葵 ······················ 30
　蜀葵 ······················· 31
　银边翠、含羞草 ················ 32
　长春花、藿香蓟 ················ 33
　雏菊、金盏菊 ·················· 34
　翠菊、矢车菊 ·················· 35
　波斯菊 ······················ 36
　天人菊 ······················ 37
　向日葵、麦秆菊 ················ 38
　黄帝菊、瓜叶菊 ················ 39
　黑心菊、桂圆菊 ················ 40
　万寿菊、百日菊 ················ 41
　报春花类 ···················· 42
　风铃草、五色椒 ················ 43
　花烟草、矮牵牛 ················ 44
　金鱼草、蒲包花 ················ 45
　毛地黄、夏堇 ·················· 46
　美女樱、彩叶草 ················ 47
　一串红 ······················ 48

第三章　宿根花卉 ············ 49
　乌头、野棉花 ·················· 50
　翠雀、芍药 ···················· 51
　白头翁、金粟兰 ················ 52
　荷包牡丹、落新妇 ·············· 53
　香石竹、剪夏罗 ················ 54
　石碱花、天竺葵 ················ 55
　新几内亚凤仙、倒挂金钟 ········ 56
　千鸟花、四季秋海棠 ············ 57
　委陵菜类、羽扇豆 ·············· 58
　马利筋、千叶蓍草 ·············· 59
　荷兰菊、大滨菊 ················ 60
　大花金鸡菊、菊花 ·············· 61
　紫松果菊、非洲菊 ·············· 62
　金光菊、银叶菊 ················ 63
　一枝黄花、龙胆 ················ 64
　点地梅、桔梗 ·················· 65
　宿根福禄考 ···················· 66
　轮叶马先蒿、钓钟柳 ············ 67
　穗花婆婆纳、非洲紫罗兰 ········ 68
　随意草 ······················ 69
　夏枯草、绵毛水苏 ·············· 70
　萱草 ······················· 71
　玉簪、火炬花 ·················· 72
　花烛、百子莲 ·················· 73
　大花君子兰、射干 ·············· 74
　鸢尾 ······················· 75
　芭蕉、地涌金莲 ················ 76
　旅人蕉、鹤望兰 ················ 77

第四章　球根花卉 ············ 78
　花毛茛、球根海棠 ·············· 80
　大丽花、蛇鞭菊 ················ 81
　仙客来、大岩桐 ················ 82
　姜花、美人蕉 ·················· 83
　观赏葱、铃兰 ·················· 84
　花贝母、嘉兰 ·················· 85
　风信子、百合 ·················· 86
　虎眼万年青 ···················· 87
　郁金香、马蹄莲 ················ 88
　六出花、文殊兰 ················ 89
　网球花、朱顶红 ················ 90
　蜘蛛兰、红花石蒜 ·············· 91

水仙、晚香玉 ······ 92
紫娇花、火星花 ····· 93
番红花、小苍兰、唐菖蒲 ····· 94

第五章　水生花卉 ····· 95

驴蹄草、芡实 ····· 97
荷花、萍蓬草 ····· 98
睡莲、王莲 ····· 99
水蓼、空心莲子草 ····· 100
千屈菜、狐尾藻 ····· 101
香菇草、荇菜 ····· 102
水罂粟、野慈姑 ····· 103
水生美人蕉、再力花 ····· 104
凤眼莲、梭鱼草 ····· 105
菖蒲、紫芋 ····· 106
大薸、香蒲 ····· 107
花菖蒲、伞草 ····· 108
水葱、芦竹 ····· 109
芦苇 ····· 110

第六章　兰科花卉 ····· 111

卡特兰 ····· 113
春兰 ····· 114
大花蕙兰、石斛兰 ····· 115
文心兰、兜兰、蝴蝶兰 ····· 116
鹤顶兰、万带兰 ····· 117

第七章　仙人掌类与多浆植物 ····· 118

落地生根、燕子掌 ····· 120
石莲花、长寿花 ····· 121
景天属 ····· 122
宝绿、生石花 ····· 124
鸾凤玉、金琥 ····· 125
昙花、绯牡丹 ····· 126
令箭荷花、仙人掌 ····· 127
仙人指、虎刺梅 ····· 128
芦荟、条纹十二卷 ····· 129
虎尾兰、龙舌兰 ····· 130

第八章　室内观叶植物 ····· 131

肾蕨、波斯顿蕨 ····· 133
银脉凤尾蕨、铁线蕨 ····· 134
鸟巢蕨、鹿角蕨 ····· 135
豆瓣绿类、扁竹蓼 ····· 136

碰碰香、马拉巴栗 ····· 137
变叶木、垂叶榕 ····· 138
橡皮树、花叶冷水花 ····· 139
胡椒木、南洋森 ····· 140
鹅掌藤、孔雀木 ····· 141
灰莉、网纹草类 ····· 142
凤梨类 ····· 143
孔雀竹芋、紫背竹芋 ····· 145
文竹、一叶兰 ····· 146
广东万年青 ····· 147
海芋、花叶芋 ····· 148
龟背竹、喜林芋类 ····· 149
绿巨人、雪铁芋 ····· 150
朱蕉、金心巴西铁 ····· 151
富贵竹、酒瓶兰 ····· 152
象腿丝兰、短穗鱼尾葵 ····· 153
袖珍椰子、散尾葵 ····· 154
棕竹 ····· 155

第九章　藤蔓花卉 ····· 156

铁线莲、猪笼草 ····· 158
旱金莲、三角梅 ····· 159
香豌豆、欧洲常春藤 ····· 160
飘香藤、蔓长春花 ····· 161
吊金钱、球兰 ····· 162
金银花、一串珠 ····· 163
牵牛 ····· 164
厚藤、茑萝 ····· 165
口红花、紫鸭跖草 ····· 166
紫露草、吊竹梅 ····· 167
吊兰、绿萝 ····· 168

第十章　地被花卉 ····· 169

鱼腥草、诸葛菜 ····· 172
虎耳草、红蓼 ····· 173
赤胫散、红花酢浆草 ····· 174
白三叶、蔓花生 ····· 175
鸡眼草、富贵草 ····· 176
天胡荽、野菊 ····· 177
大吴风草、马兰花 ····· 178
蟛蜞菊、金叶过路黄 ····· 179
马蹄金、杜若 ····· 180
阔叶麦冬、沿阶草 ····· 181
吉祥草、葱兰 ····· 182

大叶仙茅、血草 …………………… 183
　　阔叶箬竹、菲白竹 …………………… 184
　　细茎针茅 …………………………… 185

参考文献 …………………………… 186

附录：花卉学课程实验实习项目 …… 187

　实验实习一　花卉的分类与识别 …… 187
　实验实习二　不同生态环境对花卉生长发育的影响
　　　　　　　………………………… 188
　实验实习三　花卉园艺设施的参观与认识 …… 188
　实验实习四　花卉的繁殖——扦插繁殖实验 … 188
　实验实习五　花卉的栽培管理——上盆和换盆 … 189
　实验实习六　花卉的整形与管理——以菊花的整型
　　　　　　　与管理为例 ……………… 190
　实验实习七　花卉的露地应用形式与调查 …… 190
　实验实习八　水仙球雕刻造型与养护 ………… 191
　实验实习九　室内花卉识别与装饰应用 ……… 192

附表：常见易混淆花卉种类识别表 …… 193

1. 毛茛科不同属的飞燕草、翠雀、耧斗菜、花毛茛 193
2. 石竹科石竹属（*Dianthus*）的石竹、须苞石竹、常夏石竹、瞿麦 …………………… 193
3. 不同科的半支莲、半枝莲、半边莲 …… 193
4. 报春花科报春花属（*Primula*）的报春花、四季报春、中国报春、欧洲报春 ………… 194
5. 锦葵科不同属的黄秋葵、芙蓉葵、蜀葵、锦葵、蔓锦葵 ………………………………… 194
6. 菊科万寿菊属（*Tagetes*）的万寿菊和孔雀草 … 194
7. 毛茛科芍药属（*Paeonia*）的牡丹和芍药 …… 194
8. 凤仙花科凤仙花属（*Impatiens*）的凤仙、新几内亚凤仙、何氏凤仙 …………………… 195
9. 花荵科福禄考属（*Phlox*）的宿根福禄考、丛生福禄考、福禄考 ………………………… 195
10. 鸢尾科鸢尾属（*Iris*）的鸢尾、蝴蝶花、德国鸢尾、黄菖蒲、花菖蒲、燕子花 ……… 195
11. 石蒜科水仙属（*Narcissus*）的水仙、黄水仙、红口水仙、玉玲珑 …………………… 196
12. 不同科的菖蒲、石菖蒲、香蒲 ………… 196
13. 兰科兰属（*Cymbidium*）的春兰、建兰、寒兰、蕙兰、墨兰 ………………………… 196
14. 不同科的广东万年青、万年青、花叶万年青、紫背万年青 ……………………………… 197
15. 旋花科牵牛属的牵牛、圆叶牵牛、三裂叶薯、五爪金龙和打碗花属的打碗花 ……… 197

中文名称索引 …………………………… 198

拉丁学名索引 …………………………… 207

第一章 概 论

第一章 概论

一 园林花卉

（一）园林花卉的含义

狭义的园林花卉（Garden flowers）仅指以观花为主的一类草本植物，广义的园林花卉（Ornamental plants）是指以观花为主的一类观赏植物，不仅包括草本花卉，还有观花、观果、观叶、观茎等乔灌木及藤木（本书中主要介绍草本花卉，在室内花卉、地被植物及藤蔓花卉中包含少量常见低矮的灌木和藤木）。园林花卉学（Ornamental floriculture）是以广义的园林花卉为对象，研究花卉分类、生物学特性、栽培、繁育、应用、管理的一门学科。

（二）园林花卉的分类

园林花卉种类繁多，生态习性、栽培目的、应用方式多样。为了方便识别，掌握生态习性，形态特征，便于生产、栽培、应用及交流，需要对花卉进行分类。依据不同的分类原则与方法，分为各种不同的类别。如按生活周期分，将花卉分为一二年生花卉（包括一年生花卉和二年生花卉）、多年生花卉（包括宿根花卉与球根花卉）；按栽培生境，将花卉分为水生花卉、岩石花卉、温室花卉、露地花卉；按用途分又有盆花花卉、切花花卉、地栽花卉、药用花卉、食用花卉等；按观赏部位分为观花、观叶、观果、观茎、芳香类等。

本书为便于花卉的识别与应用，依据花卉的分类系统、生态习性、观赏特性及在园林中的应用等综合特性将园林花卉分为以下九大类。

1) **一二年生花卉**（annuals and biennials） 指个体发育在一年内完成或跨年度才能完成的一类草本花卉，如鸡冠花、紫罗兰。本书中还包括生命周期本来在二年以上，但由于不能适应当地冬季寒冷或夏季炎热的气候等原因，常作一二年栽培的种类，如一串红、雏菊。

2) **宿根花卉**（perennials） 生命周期二年以上的多年生花卉中，地下根系正常、不膨大的种类，可多次开花结实，如菊花、芍药、鸢尾。一般耐寒类的宿根花卉，冬季地上部分不枯萎。

3) **球根花卉**（bulbs） 地下茎或根变态膨大的一类多年生花卉，也可多次开花结实，如郁金香、风信子、石蒜、大丽菊。

4) **水生花卉**（water plants） 包括水生及湿生的观赏植物，如荷花、千屈菜、再力花。

5) **兰科花卉**（orchid） 因形态、生理、生态上的共性，可采取近似的栽培与特殊的繁殖方法，且观赏价值高，故归为一类。

6) **仙人掌与多浆花卉**（cacti and succulent） 这类植物具有耐旱、喜热的生理特点，茎叶具有发达的储水组织，呈肥厚肉质多浆的外形特征。如燕子掌、仙人球。

7) 室内观叶植物（indoor foliage plants）　以叶为观赏部位且多盆栽供室内装饰用的一类植物。本书中包括了蕨类、食虫植物和凤梨科植物。

8) 藤蔓花卉（vine plants）　形态上具有自身不能直立的共同特征，它们或攀附、或匍匐、或垂吊，如蔓长春、金银花、吊兰、球兰。本书中如牵牛花、茑萝等一二年生草本花卉因具有藤蔓花卉的特性，一并列入该类中介绍。

9) 地被花卉（ground-cover plants）　具有植株低矮、抗性强、覆盖地面效果好的一类花卉。很多一二年生草本及大部分多年生草本都能作为地被植物应用，本书中的地被花卉只选择了特别低矮、常用于作地被、前面未介绍到的种类。

（三）园林花卉的特征及景观作用

园林花卉与园林树木在外部形态、生理解剖、生态习性、生物学特性上有很大区别，因此栽培管理、生态效果、景观特点、园林应用不尽相同。园林花卉种类及品种繁多，色彩丰富艳丽，与木本植物相比，具有低矮、形体小、一生中体形变化小，生命周期短，栽培管理精细，主要观赏花和叶等特点。花卉在园林中的主要作用有：

1) **是构成人工植物群落的组成部分之一**。与园林树木以一定比例配合，形成生态效益好，空间层次丰富的人工植物群落，起保护和改善环境的作用。

2) **是美化环境的重要元素**。花卉丰富艳丽的色彩，往往构成园林中的视线焦点，用于重点地段绿化美化，渲染气氛，起画龙点睛作用，也是园林景观中季相色彩的重要来源。

3) **形成独特的园林景观**。园林花卉以其体量小，艳丽的色彩和细腻的质感，构成细致色彩景观，作近景或前景，或出现在群落的下层，构成亲人的俯视空间。园林花卉使空间氛围更加活跃生动，增加自然之感，易构成丰富多变的园林空间。

4) **应用形式多样**。园林花卉常以花坛、花境、花丛、花台、花钵、花群等应用形式构成丰富的园林植物景观。

5) **应用方便**。花卉体量小，生态习性与观赏时期差异大，受地域限制小，应用场所及范围广，可弥补乔灌木的应用场所及观赏期的不足。花卉生命周期短，花期控制较容易，可通过播种期等手段来调节花期，形成美丽的植物景观。除露地栽培外，盆栽容易，移动方便，整齐卫生，方便装饰园林空间。

二　花卉的基本形态识别特征

对花卉的识别，应从植株整体株型、植株高矮、叶着生方式及形状、花的各部位形态及色彩、果形态等方面进行整体认识。由于篇幅有限，本节只编写影响园林花卉外形观赏最为显著的花、叶、茎的外部形态特征。

（一）花的形态特征

花是被子植物特有的繁殖器官，是园林花卉最醒目的部位，也是分类的主要依据。花的形态也最具多样性，主要体现在花的组成部分及花序类型等方面。

1. 花的基本组成

一朵完整的花包括花梗（pedicel）、花托（receptacle）、花被（perianth）、雄蕊（stamen）和雌蕊（pistil）五大部分（图1）。

图1 完全花的组成

1) **花梗** 是着生花的小枝，其长短或有无依种类不同而异，如垂丝海棠花梗长，贴梗海棠、蜡梅等花梗极短或近于无梗。

2) **花托** 是花梗的顶端部分，用以着生花被和雌雄蕊，其形状各异。如非洲菊的花托突起，月季、桃的花托凹陷。

3) **花被** 是花萼（calyx）和花冠（corolla）的总称。大部分花卉具有花萼和花冠，称为两被花（double perianth flower）；只有花萼的花称为单被花（monochlamydeous flower），如叶子花、榆；既无花萼也无花冠的花称为裸花（naked flower），如垂柳、一品红。

花萼是不育的变态叶，位于花朵的最外侧，通常为绿色。但有些花卉的花萼形状特殊，色彩丰富，类似花冠，如叶子花、八仙花、一串红等，以便吸引昆虫授粉。大多数花萼分离，称为离萼，如虞美人、花菱草等，有些花卉各花萼彼此联合成唇形、管状、筒状、漏斗状等，称为合萼，如牵牛花、长春花等。大部分花卉的花萼在花后脱落，但柿子、番茄等果熟后仍然宿存。一串红的花萼在花谢后宿存，且色泽经久不退，保持似开花般的长久观赏效果。

花冠位于花朵内层或上方，也是一种不育的变态叶，颜色鲜艳。组成花冠的花瓣完全分离的花卉为离瓣花，如毛茛科、十字花科、蔷薇科、木兰科等花卉。花瓣部分分离或者完全联合的花卉为合瓣花，如唇形科、旋花科、桔梗科、菊科等花卉。

4) **雄蕊** 是位于花冠内方的一种可育的变态叶，由花丝和着生在花丝顶端的花药组成，花药内有花粉。

雄蕊的数目因植物种类而异，但同一种类植物的数目相对恒定，因此是鉴别植物种类的主要依据之一。如兰科植物多为1个，木犀科植物有2个，鸢尾科植物有3个，唇形科和玄参科有4个，茄科、旋花科、茜草科多为5个，十字花科有6个，石竹科、蝶形花亚科有10个，毛茛科、蔷薇科、木兰科、山茶科常多数。

雄蕊分为离生和合生两大类型，有些植物在进化过程中形成以下特殊的类型（图2）。

- **二强雄蕊** 一朵花中具有4枚分离的雄蕊，花丝2长2短，玄参科、唇形科、紫葳科的大部分植物，如金鱼草、随意草。
- **四强雄蕊** 一朵花具6枚分离的雄蕊，花丝4长2短，为十字花科所特有，如紫罗兰、诸葛菜。
- **单体雄蕊** 一朵花中所有雄蕊的花丝联合成1束，花药彼此分离，锦葵科植物，如蜀葵、木芙蓉、蝶形花亚科的羽扇豆。
- **二体雄蕊** 一朵花中所有雄蕊的花丝联合成2束，花药彼此分开，蝶形花亚科大部分植物，如车轴草、紫藤。
- **多体雄蕊** 雄蕊花丝联合成2束以上而花药彼此分开，如金丝桃、蓖麻。
- **聚药雄蕊** 所有花药联合而花丝彼此分开，如菊科、桔梗科植物。

5) **雌蕊** 位于花朵中心部分，由基部膨大成囊状的子房和上面圆柱状的花柱及花柱顶端膨大的柱头三部分组成。

2. 花冠类型

花冠由花瓣组成，是花瓣的总称。花冠变异很大，有些植物常形成具有分类学意义的特殊类型。常见的花冠类型如下，其中1~3属于花瓣彼此分离的离瓣花冠，4~9属于花瓣有不同程度合生的合瓣花冠（图3）。

1) **蔷薇形花冠**（roseform corolla） 5枚分离的花瓣成辐射对称排列，雄蕊多数，为蔷薇科蔷薇属植物特有，如桃花、梅花、月季。

2) **十字形花冠**（cruciate corolla） 4枚分离、具爪的花瓣排列成辐射对称的十字形，是十字花科植物的特有特征，如羽衣甘蓝、桂竹香。

3) **蝶形花冠**（papilionaceous corolla） 由5枚分离的花瓣构成左右对称花冠。最上一瓣较大，称旗瓣，两侧瓣较小，称翼瓣，最下两瓣联合成龙骨状，称龙骨瓣，为豆科蝶形花亚科植物所特有。如槐树、羽扇豆。

4) **钟形花冠**（campanulate corolla） 花冠筒短粗，周边向外翻卷成钟形。如桔梗、南瓜。

5) **轮状花冠**（rotate corolla） 花冠筒短，裂片平展。

6) **高脚碟状花冠**（salverform corolla） 花冠下部细长管状，上部突然成水平状扩大，如水仙花、长春花、夜香树、龙船花、花烟草。

单体雄蕊

二体雄蕊

聚药雄蕊

二强雄蕊

四强雄蕊

多体雄蕊

图 2 雄蕊的类型

图3 花冠类型

7) **漏斗状花冠**（infundibular corolla） 花冠下部呈筒状，由此向上渐渐扩大成漏斗状，旋花科植物都具有漏斗状花冠。如牵牛、矮牵牛、鸳鸯茉莉、曼陀罗。

8) **坛状花冠**（urceolate corolla） 花冠筒下部膨大成椭圆形，上部收缩成一短颈，顶部裂片外展。

9) **管状花冠**（tubular corolla） 或称筒状花冠，花冠基部合生成管状或圆筒状，如菊科植物头状花序中央的盘花。如万寿菊、非洲菊。

10) **舌状花冠**（ligulate corolla） 花冠基部合生成短筒，上面向一边张开成扁平舌状，如菊科植物的头状花序外圈的边花。如向日葵、金盏菊。

11) **唇形花冠**（labiate corolla） 花冠基部合生成筒，上部裂成二唇形，上唇2裂片，下唇3裂片，是唇形科的典型特征，还有玄参科的大部分植物。如金鱼草、毛地黄、一串红。

根据花的对称性将花分为以下三种类型：

1) **辐射对称花** 如山茶、月季、向日葵。
2) **两侧对称花** 如三色堇、一串红、半支莲、兰花。
3) **不对称花** 如美人蕉、旱金莲。

花卉。花瓣部分分离或者完全联合的花卉为合瓣花，如唇形科、旋花科、桔梗科、菊科等花卉。

4) **雄蕊** 是位于花冠内方的一种可育的变态叶，由花丝和着生在花丝顶端的花药组成，花药内有花粉。

雄蕊的数目因植物种类而异，但同一种类植物的数目相对恒定，因此是鉴别植物种类的主要依据之一。如兰科植物多为1个，木犀科植物有2个，鸢尾科植物有3个，唇形科和玄参科有4个，茄科、旋花科、茜草科多为5个，十字花科有6个，石竹科、蝶形花亚科有10个，毛茛科、蔷薇科、木兰科、山茶科常多数。

雄蕊分为离生和合生两大类型，有些植物在进化过程中形成以下特殊的类型（图2）。

- **二强雄蕊** 一朵花中具有4枚分离的雄蕊，花丝2长2短，玄参科、唇形科、紫葳科的大部分植物，如金鱼草、随意草。
- **四强雄蕊** 一朵花具6枚分离的雄蕊，花丝4长2短，为十字花科所特有，如紫罗兰、诸葛菜。
- **单体雄蕊** 一朵花中所有雄蕊的花丝联合成1束，花药彼此分离，锦葵科植物，如蜀葵、木芙蓉，蝶形花亚科的羽扇豆。
- **二体雄蕊** 一朵花中所有雄蕊的花丝联合成2束，花药彼此分开，蝶形花亚科大部分植物，如车轴草、紫藤。
- **多体雄蕊** 雄蕊花丝联合成2束以上而花药彼此分开，如金丝桃、蓖麻。
- **聚药雄蕊** 所有花药联合而花丝彼此分开，菊科、桔梗科植物。

5) **雌蕊** 位于花朵中心部分，由基部膨大成囊状的子房和上面圆柱状的花柱及花柱顶部膨大的柱头三部分组成。

2．花冠类型

花冠由花瓣组成，是花瓣的总称。花冠变异很大，有些植物常形成具有分类学意义的特殊类型。常见的花冠类型如下，其中1～3属于花瓣彼此分离的离瓣花冠，4～9属于花瓣有不同程度合生的合瓣花冠（图3）。

1) **蔷薇形花冠**（roseform corolla） 5枚分离的花瓣成辐射对称排列，雄蕊多数，为蔷薇科蔷薇属植物特有，如桃花、梅花、月季。

2) **十字形花冠**（cruciate corolla） 4枚分离、具爪的花瓣排列成辐射对称的十字形，是十字花科植物的特有特征，如羽衣甘蓝、桂竹香。

3) **蝶形花冠**（papilionaceous corolla） 由5枚分离的花瓣构成左右对称花冠。最上一瓣较大，称旗瓣，两侧瓣较小，称翼瓣，最下两瓣联合成龙骨状，称龙骨瓣，为豆科蝶形花亚科植物所特有。如槐树、羽扇豆。

4) **钟形花冠**（campanulate corolla） 花冠筒短粗，周边向外翻卷成钟形。如桔梗、南瓜。

5) **轮状花冠**（rotate corolla） 花冠筒短，裂片平展。

6) **高脚碟状花冠**（salverform corolla） 花冠下部细长管状，上部突然成水平状扩大，如水仙花、长春花、夜香树、龙船花、花烟草。

单体雄蕊

二体雄蕊

聚药雄蕊

二强雄蕊

四强雄蕊

多体雄蕊

图2 雄蕊的类型

第一章 概论

图3 花冠类型

7) **漏斗状花冠**（infundibular corolla） 花冠下部呈筒状，由此向上渐渐扩大成漏斗状，旋花科植物都具有漏斗状花冠。如牵牛、矮牵牛、鸳鸯茉莉、曼陀罗。

8) **坛状花冠**（urceolate corolla） 花冠筒下部膨大成椭圆形，上部收缩成一短颈，顶部裂片外展。

9) **管状花冠**（tubular corolla） 或称筒状花冠，花冠基部合生成管状或圆筒状，如菊科植物头状花序中央的盘花。如万寿菊、非洲菊。

10) **舌状花冠**（ligulate corolla） 花冠基部合生成短筒，上面向一边张开成扁平舌状，如菊科植物的头状花序外圈的边花。如向日葵、金盏菊。

11) **唇形花冠**（labiate corolla） 花冠基部合生成筒，上部裂成二唇形，上唇2裂片，下唇3裂片，是唇形科的典型特征，还有玄参科的大部分植物。如金鱼草、毛地黄、一串红。

根据花的对称性将花分为以下三种类型：

1) **辐射对称花** 如山茶、月季、向日葵。
2) **两侧对称花** 如三色堇、一串红、半支莲、兰花。
3) **不对称花** 如美人蕉、旱金莲。

3. 花序类型

植物的花单朵着生枝顶或叶腋，称为单生，是最原始、最简单的进化类型，大多在木兰科、毛茛科、睡莲科等较原始的科中，如广玉兰、含笑、睡莲、芍药。许多植物的花并非单生，而是按照一定顺序排列在花序轴上，这种花枝为花序（inflorescence）。组成花序的每一朵花称为小花，其下部的叶性器官称为苞片（bract），有些植物花序的苞片密集一起形成总苞，如菊科植物的头状花序下的总苞（involucre）。根据花序轴的分枝形式、开花顺序以及花柄的有无等，将花序分为有限花序和无限花序两大类。（图4）

无限花序（indeterminate inflorescence） 其开花的顺序是由花序轴下部先开，渐及上部，或由边缘开向中心，也称总状类花序。

1) **总状花序（raceme）** 花序轴长，花梗近等长。如十字花科植物，金鱼草、风信子、紫藤。

2) **穗状花序（spike）** 小花无梗，排列在无分枝的花序轴上。如禾本科、莎草科、苋科和蓼科中许多植物都具有穗状花序。小麦具有复穗状花序。

3) **柔荑花序（ament）** 花序轴长，柔软下垂，着生多数无梗或近无梗的单性花，花后整个花序一起脱落。如桑、杨、柳、核桃、枫杨等。

4) **肉穗花序（spadix）** 花序轴肥厚肉质，着生多数无梗的单性花。如玉米的雌花序、香蒲。天南星科植物的大型佛焰苞上的肉穗花序，也称佛焰花序，如红掌、马蹄莲、龟背竹、广东万年青。

5) **头状花序（capitulum）** 花序轴缩短、膨大，密集着生许多无梗的花，形成状如头的花序。菊科植物、合欢、三叶草、含羞草等，菊科的头状花序与合欢不同，其花序下有数轮总苞片，这种花序又叫篮状花序。

6) **隐头花序（hypanthium）** 花序轴肥大而中空，外观似囊状，其内壁着生许多无梗小花，雄花在上，雌花在下，顶端一小孔为昆虫传粉的通道。是榕属植物的专一特征，如无花果、榕树、薜荔。

7) **伞形花序（umbel）** 从一个花序梗顶部伸出多个花梗近等长的花，张开形如伞，每一小花梗称为伞梗。如报春花、君子兰、天竺葵、葱、石蒜、常春藤。若伞梗顶再生出伞形花序，将构成复伞形花序（compound umbel），是伞形科专一的特征。如胡萝卜、芹、茴香。

8) **伞房花序（corymb）** 花序轴上着生许多花梗不等长的小花，下边的花梗较长，向上渐短，花位于一近似平面上。如麻叶绣球、山楂、梨、苹果。若几个伞房花序排列在花序总轴的近顶部者称复伞房花序（compound corymb），如绣线菊、花楸、蓍草、石楠。

9) **圆锥花序（panicle）** 花序轴上生有多个总状花序或穗状花序，形似圆锥，称圆锥花序或复总状花序。如凤尾兰、丁香、女贞。

有限花序（determinate inflorescence） 也叫离心花序、聚伞类花序，花序最顶端或最中心的花先开，渐及下边或周围，如番茄。

1) **单歧聚伞花序（monochasium）** 花序轴顶端先生一花，在顶花下形成一侧生分枝，继而分枝之顶又生一花，其下再形成一侧生分枝，如此依次开

总状花序

穗状花序

圆锥花序

柔荑花序

肉穗花序

伞房花序

伞形花序

头状花序

隐头花序

图4 花序类型——无限花序

单歧聚伞花序

二歧聚伞花序

多歧聚伞花序

图4 花序类型——有限花序

花。如果各分枝从同一侧形成,整个花序成卷曲状,称螺状聚伞花序,如聚合草、勿忘我等紫草科植物。如果各次分枝左右交替出现,使花序卷曲成蝎尾状,称蝎尾状聚伞花序,如唐菖蒲、委陵菜。

2) **二歧聚伞花序**(dichasium) 每次中央一朵花开后,两侧产生二个分枝,分枝顶端又生顶花,再以同样的方式继续产生顶花和分枝,如满天星、石竹、大叶黄杨。

3) **多歧聚伞花序**(pleiochasium) 顶花下同时发育出三个以上分枝,各分枝再以同样的方式进行分枝,如一品红、大戟、泽漆、猫眼草。

(二) 叶的形态特征

叶着生在茎节上,一片完整的叶包括叶柄(petiole)、叶片(leaf)和托叶(stipule)。有些植物无叶柄,如百合,叶基部直接着生在茎上,山茶无托叶,台湾相思树无叶片,这些缺少任何一个部分的叶称为不完全叶(incomplete leaf)。有的植物以叶的基部将茎包住,这部分为叶鞘(leaf sheath),如火鸟蕉的叶。叶片有大小之分,有些小如鳞片,如柽柳、文竹;大的可达几十米不等,如王莲叶片直径可达2m以上,而亚马逊酒椰叶片长达22m,宽达12m。植物叶片随着年龄和生态条件的变化而变化,如龟背竹成年叶和幼叶区别很大,常春藤、薜荔的营养枝和生殖枝上的叶也很不同,多数植物基部莲座状叶和茎上的叶形态不同。

1. 叶序 (phyllotaxy)

叶在茎上排列的方式称为叶序。绝大多数植物具有一种叶序,但也有植物会在同一植物体上生长两种叶序类型,如圆柏、栀子有对生和三叶轮生两种叶序;紫薇、野老鹳草有互生和对生两种叶序;甚至在一个植株上可以看到互生、对生、轮生三种叶序,如金鱼草。叶序的类型主要有(图5):

基生　　互生　　对生　　轮生　　簇生

图5 叶序类型

1) **互生**(alternate) 每节上只着生一片叶,多数植物属于这种叶序,如向日葵。

2) **对生**(opposite) 每节上相对着生两片叶,如百日草、千日红、一串红、小叶女贞。

3) 轮生（verticillate） 3片或3片以上的叶有规则地排列于同一节上，如夹竹桃、黄蝉、萝芙木。按照节上新生的叶片数分别有三叶轮生、四叶轮生以至多叶轮生。

4) 簇生（fasciculate） 2片或2片以上的叶着生在节间极度缩短的茎上，如金钱松、银杏。

5) 基生（basal） 叶着生茎基部近地面处，植株似莲座状，如紫花地丁、非洲菊、风信子、麦冬。

2. 单叶与复叶

图6 叶的形状

1) 单叶（simple leaf） 一个叶柄上只有一片叶，叶柄与叶片间没有关节。常见形状有（图6）：

- 针形（acicular） 叶片细长如针，如松属、雪松。
- 线形（linear） 叶片狭长，长度为宽度的5倍以上，又叫条形，如麦冬、水杉。
- 披针形（lanceolate） 叶基较宽，先端尖细，长度约为宽度的4~5倍，如柳、桃。如果最宽处在中部以上称倒披针形。
- 剑形（ensate） 厚而坚实，先端尖锐的条形叶，如龙舌兰、丝兰。
- 椭圆形（elliptical） 长为宽的3~4倍，中部最宽，尖端和基部近圆形，如樟、石楠。
- 卵形（ovate） 长为宽的1.5~2倍，下部圆阔，上部稍狭，如女贞。如果最宽处在中部以上称倒卵形，如海桐、半支莲。
- 心形（cordate） 形如心脏，基部宽圆而微凹，先端渐尖，如紫荆。
- 肾形（reniform） 形如肾脏基部凹入，先端钝圆，宽度大于长度，如积雪草、冬葵等。
- 圆形（orbicular） 形如圆盘，长宽接近相等，如旱金莲、王莲。

第一章 概论

- 扇形（sector） 形如展开的折扇，顶端宽而圆，向基部渐狭，如银杏。
- 匙形（spatulate） 形如汤匙，先端圆形，向基部渐狭，如金盏菊。
- 鳞形（squamiform） 形如鳞片，如柏科植物。
- 三角形（triangle） 基部宽平，三个边接近相等，如荞麦。
- 掌形（palmate） 叶片三裂或五裂，全形如手掌，如枫香。
- 菱形（rhombic） 呈等边的斜方形，如乌桕。

2）复叶（compound leaf） 叶柄上着生两个以上完全独立的小叶片，称为复叶。复叶在单子叶植物中较少，在双子叶植物中多见。复叶的叶柄叫总叶柄，其延伸的部分称叶轴，其上着生的叶片称小叶。按小叶的数目和排列方式的不同，分为（图7）：

- 掌状复叶（palmately compound leaf） 小叶在总叶柄顶端着生在一个点上，向各方向展开而成手掌状的叶。常见的有：三出掌状复叶（三叶草、酢浆草）、五出掌状复叶（牡荆）、七出掌状复叶（七叶树）。
- 羽状复叶（pinnately compound leaf） 小叶排列在叶柄两侧呈羽毛状。顶生小叶一个，小叶数目单数者为奇数羽状复叶（月季、刺槐、紫藤、南酸枣）；顶生小叶两个，小叶数目是偶数者为偶数羽状复叶（锦鸡儿、珍珠梅、无患子、合欢、双荚决明）。叶轴不分枝者为一回羽状复叶（刺槐、紫藤）；叶轴分枝一次，各分枝两侧生小叶者为二回羽状复叶（合欢、凤凰木）；叶轴分枝二次，各分枝两侧生小叶者为三回羽状复叶（南天竹）。
- 三出复叶（ternately compound leaf） 只有三个小叶着生在叶柄的顶端。有羽状三出复叶（苜蓿）和掌状三出复叶（三叶草）。
- 单身复叶（unifoliate compound leaf） 形似单叶，其两侧的小叶退化不存在，顶生小叶的基部和叶轴交界处有一关节，叶轴向两侧延展，常成翅，如柑橘、金橘等的叶。

3）单叶和复叶的区别

- 单叶的叶腋内有腋芽，复叶的总叶柄基部才有腋芽。
- 着生单叶的枝条顶端有顶芽，而复叶总叶柄的顶端无顶芽。
- 着生单叶的枝条，单叶与茎形成一定的角度，而复叶的小叶大致生在一个平面上。
- 落叶时，单叶的叶柄和叶片同时脱落，复叶则小叶先落，最后总叶柄脱落。

3. 变态叶 （图8）

1）苞片（bract） 是生在花下面的变态叶，起保护花朵和果实的作用。生于单朵花下的变态叶称苞片，生于花序下的称为总苞。有些苞片还可用于区别种属的特征，如天南星科的佛焰苞，菊科植物头状花序下的总苞。有些苞片显著或色彩艳丽，观赏性非常强，如叶子花、一品红、红掌、珙桐、四照花、八仙花、琼花等。

2）叶刺（leaf prickle） 叶或叶的部分变态为刺。如刺槐、南酸枣的托叶变态为硬刺；小檗的叶变为刺状叶，仙人掌的扁平肉质茎上生有硬刺。

3）鳞叶（scale leaf） 叶变态成鳞片状，如百合、洋葱的鳞茎上肉质肥厚

掌状复叶

一回奇数羽状复叶

一回偶数羽状复叶

二回羽状复叶

三回羽状复叶

三出复叶

单身复叶

图7 复叶类型

具贮藏作用的鳞叶。

4）**叶卷须**（leaf tendril） 常常是叶片或托叶变态成卷须状，如豌豆、菝葜。

5）**叶状柄**（leaf phyllode） 叶片退化，叶柄扁化成叶片状，行光合作用，与耐旱有关，如澳大利亚金合欢。

6）**捕虫叶**（insectcatching leaf） 叶变态后能捕食小虫。如猪笼草的叶柄很长，基部为扁平的假状叶，中部细长如卷须，可缠绕它物，上部变为瓶状的捕虫器，叶片生于瓶口，成一小盖覆盖于瓶口之上（图9）。

图9 猪笼草的捕虫叶

叶刺

苞片

叶卷须

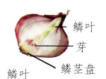
鳞叶

叶状柄

图8 变态叶

（三） 茎的形态特征

茎是植物地上部分联系根和叶的营养器官，通常为圆柱体，但有些植物的茎外形发生变化。如莎草科植物的茎为三棱形，一串红、彩叶草等唇形科植物的茎为四棱形，芹菜的茎为多棱形，仙人掌的茎呈扁平状。茎一般是实心的，但竹、大丽花、水葱等植物的茎是空心的。

1. 茎按照生长习性分为以下基本类型（图10）：

1）**直立茎**（erect stem） 茎直立地面，绝大多数植物的茎属于此类型，如向日葵、一串红、飞燕草、蜀葵等。

2）**平卧茎**（prostrate stem） 茎平卧地面，节上不生根，节间较短，如酢浆草、地锦。

3）**匍匐茎**（stolon stem） 茎平卧地面，节上生根，节间较长，如虎耳草、吊兰、连钱草等。

4) **攀缘茎**（climbing stem） 茎不能直立，借助各种器官攀缘他物上升，如爬山虎（卷须膨大成吸盘）、常春藤（气生根）、葡萄（卷须）等。

5) **缠绕茎**（twinning stem） 茎不能直立，靠茎本身缠绕他物上升，如茑萝（右旋）、牵牛花（左旋）、忍冬（右旋）、何首乌（可左旋或右旋）等。

图10 茎的类型

2. **茎为适应不同环境，形态结构上异常改变，构成了茎的形态多样性**

1) **地下变态茎** 生长在地下，常变态为肉质的贮藏器官或营养繁殖器官（图11）。

图11 地下变态茎

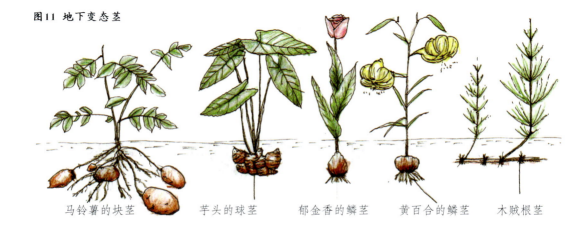

- 根状茎（rhizome）：茎横卧地下，有明显的节和节间，节上有不定根和腋芽，先端有顶芽。如藕（莲的地下茎）、美人蕉、德国鸢尾、姜花、铃兰、狗牙根、芦苇、竹等。
- 块茎（tuber）：地下块茎肥厚，不规则，用于贮藏丰富的营养物质。顶端有一顶芽，四周是凹陷的芽眼，相当于节的部位，芽眼内的芽相当于腋芽。如马铃薯、大岩桐、花叶芋、马蹄莲、仙客来、球根秋海棠等。
- 球茎（corm）：节间缩短膨大成球形，有明显的节和节间，有较大的顶芽。如唐菖蒲、荸荠、慈姑、小苍兰、番红花、虎眼万年青等。
- 鳞茎（bulb）：是单子叶植物中常见的变态茎，节间极短，呈盘状，其上着生肥厚的鳞片状叶，营养物质贮藏在鳞片叶里，如洋葱、水仙、百合、石蒜、郁金香、风信子等。

2) 地上变态茎（图12）

- 肉质茎（fleshy stem）　茎肥厚多汁，绿色，进行光合作用并具有贮水功能，叶常退化，适于干旱地区的生活。如仙人掌类的变态茎可呈球状、柱状或扁圆柱形等多种形态。
- 茎卷须（stem tendril）　茎变态成具有攀缘功能的卷须，使植物体得以攀缘生长。如葡萄。
- 茎刺（stem prickle）　由茎变态为具有保护功能的刺。如山楂、皂荚、柑橘茎上的刺，都着生于叶腋，相当于侧枝发生的部位。月季、蔷薇等茎上的刺，是茎表皮的突出物，叫皮刺。皂荚的刺由小枝发育而来，称为枝刺。
- 叶状茎（cladode）　茎扁化变态成绿色叶状体，而叶完全退化或不发达，由叶状枝进行光合作用。假叶树的侧枝变为叶状枝，叶退化为鳞片状，叶腋内可生小花；天门冬的叶腋内也产生叶状枝；竹节蓼的叶状枝极显著，叶小或全缺。

茎刺

肉质茎

叶状茎

茎卷须

图12　地上变态茎

三　花卉的应用

如果说木本花卉因体量大，在园林中常作为骨架构建园林空间；那么草本花卉则因丰富艳丽的色彩，渲染园林气氛，点缀局部空间，在园林绿地中创造五彩缤纷、花团锦簇的景观。在公共场所、厂矿机关、居室内，活跃气氛，点缀与装饰室内外空间，增加自然情趣。

（一）　花卉的园林应用

1. 花坛（flower bed, parterre）

花坛是园林花卉应用最广泛的一种形式，是把花期相同的多种花卉或不同颜色的同种花卉种植在具有几何形轮廓的植床内并组成图案的一种花卉布置方法。运用花卉的群体美效果体现图案、纹样或繁花似锦的绚丽景观。花坛具有规则的几何轮廓，内部种植也是规则式，是一种具有装饰性和观赏性极强的规则式园林应用形式。

花坛布置在公园、广场、街道绿地、厂矿、机关和学校等重点地段，起到组织交通、分隔空间、宣传和标志、美化环境、增加节日气氛等多重作用。

花坛通常有盛花花坛和模纹花坛。随着时代的发展和东西方文化的交流，花坛的形式也日渐丰富，由最初的平面地床或沉床花坛拓展出斜面、立体及活动式等多种类型。

花坛植物主要以一二年生花卉为主，要求色彩艳丽、花期集中、植株高度整齐。现列举华中地区常见的花坛材料。春季花坛：三色堇、金盏菊、雏菊、瓜叶菊、桂竹香、旱金莲、天竺葵、月季等；夏季花坛：石竹、美女樱、一串红、大丽花、凤仙花、翠菊、万寿菊、鸡冠花、百日菊、半支莲、夏堇、五色梅等；秋季花坛：一串红、大丽花、百日菊、鸡冠花、千日红、菊花、万寿菊、矮牵牛、地肤、彩叶草、五色草、雁来红等；冬季花坛：羽衣甘蓝、红菾菜、菊花、瓜叶菊等。

2. 花境 (flower border)

花境是模拟自然界中林地边缘地带多种野生花卉交错生长的自然景观状态的一种花卉应用形式。在设计形式上是沿着长轴方向演进的带状连续构图，是竖向和横向的综合景观，平面上展示各种花卉的块状混植，立面上高低错落，是一种自然式的园林花卉布局形式。

花境常布置在树丛、绿篱、栏杆、绿地边缘、林缘、道路旁及建筑物旁，以带状自然式种植，表现植物个体的自然美和自然组合的群体美，起到分隔空间、组织游览、装饰美化的作用。

依设计形式分为单面观花境、双面观花境和对应式花境。依花卉种类分为宿根花卉花境、球根花卉花境、灌木花境、专类花境和混合花境。其中宿根花卉花境和混合花境最常见。

花境材料以露地宿根花卉、球根花卉、低矮灌木为主，配以少量一二年生花卉。华中、华东地区常见的花境材料：大花金鸡菊、金娃娃萱草、玉簪、耧斗菜、芍药、火炬花、月季、百合、石蒜、大丽菊、向日葵、波斯菊、虞美人、鼠尾草类、穗花婆婆纳、随意草、麦冬等。

3. 花台 (raised flower bed)

花台是高出地面，以砖、石等砌成台座，内部栽花的一种花卉应用形式。其外部轮廓一般规则，内部植物种植形式不限，故花台是属于规则式或者规则式向自然式过渡的一种形式。

花台多布置于广场、建筑前面、庭院中央等醒目而便于观赏的地方。

花台依配置形式分为盆景式花台和整形式花台。

花台由于视线抬高，本身面积较小，所以花卉体量宜小，株型低矮、繁密葡匐、质感细腻、枝叶下垂更好，如矮牵牛、美女樱、吉祥草。除一二年花卉及宿根、球根花卉外，木本花卉中的牡丹、月季、杜鹃、水栀子、南天竹、山茶等也常选作花台材料。

4. 花丛 (flower clumps)

花丛是将大量花卉成丛种植的自然式园林应用形式，无需人工修砌种植槽，从外形轮廓到内部植物种植都是自然式。

花丛的布置地点一般在自然式草地边缘、疏林草地中、大树脚下、岩石边、溪水旁，模拟自然景观中野花散生的景观，将自然景观相互连接起来，从而加强园林布局的整体性。

花丛花卉选择以宿根和球根花卉为主，以茎秆挺立，不倒伏，花朵或花枝着生紧密为宜。常见的花丛花卉有：萱草、鸢尾、玉簪、宿根石竹、金鸡菊、百合、石蒜、风信子、郁金香、文殊兰、蜘蛛兰、葱兰、射干等。

5. 岩石园（rock garden）

以岩生花卉来点缀和装饰具有土丘、山石、崖壁、石隙、溪涧等自然山峦造型变化的岩石地面，是一种自然式专类园林应用形式。

岩生花卉的特点是耐干旱瘠薄，一般选取植株低矮紧密、枝叶细小、花色艳丽的露地宿根花卉或亚灌木。如耧斗菜、荷包牡丹、宿根福禄考、剪夏罗、虎耳草、秋海棠、苦苣苔类、银莲花、乌头、翠雀、蓍草类、景天类等。

6. 水景园（water garden）

水景园是用水生花卉对园林中的水面、沼泽地或低湿地进行绿化、美化、装饰的自然式专类园林应用形式。水生花卉的应用，使水体空间丰富、景色生动，同时净化水质、保持水面清洁、抑制有害藻类生长，创造水生植物的经济价值。

水生花卉的应用在考虑景观要求和环境条件的同时，应兼顾水的深度和流速。如沼泽地和低湿地带常用千屈菜、芦苇、慈姑、香蒲、水生鸢尾、水生美人蕉、再力花等；净水中用睡莲和王莲；水深1m以下、流速缓慢的浅水中用荷花；水深超过1m的水面用萍蓬草和凤眼莲等。常见水生植物详见各论。

7. 篱垣、棚架（rail fence, trellis）

篱垣、棚架是一种利用攀缘类和蔓性花卉构成篱栅、棚架、花廊，或点缀门洞、窗格和墙体的花卉立体应用形式，起绿化美化、点缀、防护庇荫、增湿降温作用，提供纳凉、休憩场所。

篱垣和棚架上的立体绿化宜选择体量轻盈的蔓性草本花卉，如牵牛花、茑萝、香豌豆、小葫芦等。透空花廊或大型棚架上宜选用木质藤本花卉，如凌霄、紫藤、葡萄、藤本月季、木香等。

8. 地被草坪（ground covers）

地被是采用低矮紧密的植物覆盖地表的园林应用形式，草坪是一类特指用禾本科和莎草科作覆盖地表的地被。地被能增加景观层次，丰富景观色彩，提高园林布局艺术效果，同时起到滞尘护坡、增湿降温、抑制杂草生长的作用。

常见地被植物详见第十章。

（二）花卉的装饰

1. 盆花（potted flowers）

盆花包括以观花为目的的盆花，还有观叶、观果、观形为目的栽培的盆栽和盆景等。一般在温室中或花圃里进行人工控制栽培成形后，达到观赏的阶段时，摆放到需要装饰的场所中去，失去观赏效果后再移走或更换。

盆花的应用在园林绿地和室内空间装饰中非常流行，被广泛使用，其优点很突出：

- 种类多，不受地域适应性限制，造型方便。
- 布置场合随意性强，应用范围广，街道、广场、建筑物周围、公园绿地、阳台、屋顶花园、会场、酒店、餐厅、走廊、家居环境等室内外空间。
- 容易进行促成和抑制栽培，做到摆放不时之花所需。
- 便于精细管理。

常见盆花的类型及种类有：

- 观花类：如菊花、瓜叶菊、一品红、凤梨、仙客来、一串红、杜鹃、大丽菊等，主要观赏花器官，通常喜光，适于园林花坛、专类园、花境及室内短期摆放。
- 观叶类：如龙血树、龟背竹、广东万年青、冷水花、豆瓣绿、文竹、吊兰、绿萝等，以观赏叶色、奇特叶形为主，通常比较耐荫，适于作室内装饰美化。
- 盆景类：如五针松、福建茶、六月雪、火棘等，以造型为主要观赏目的，多为喜光的木本花卉，适宜长期装饰与摆放。

2. 切花 (cut flowers)

凡是具有观赏价值的植物的花、叶、茎、果等，将其切取下来作为装饰材料，统称为切花。切花比盆花应用更方便，可被加工成插花、花束、花篮、花圈、配花等各种装饰物。

（三）花卉的其他应用

1. 香花植物 (fragrant flowers)

香花植物指的是具有浓郁香味的一类观赏植物。人们不仅可以赏其色与形，而且闻其香，做成香花专类园、盆花摆放、服饰配花等，有些还能加工利用，制成香精、茶或食品，创造经济价值。如茉莉花茶、桂花糕、薰衣草精油、玫瑰精油等。

2. 食用花卉 (edible flowers)

花卉作为食用越来越普遍和广泛，许多花卉被用于餐桌上，或泡茶喝，或制成药材。

第二章
一二年生花卉

【定义与类型】

1. 一年生花卉是指从营养生长至开花结实及至死亡的整个生命周期,在一年内完成的花卉。一般春季播种,夏秋开花结实,入冬前死亡,又称春播花卉、不耐寒性花卉。包括下面两类:

- 典型的一年生花卉:鸡冠花、百日草、牵牛花、凤仙花、千日红、翠菊、地肤、醉蝶花、半支莲等。
- 多年生作一年生栽培的花卉:一串红、美女樱、矮牵牛、藿香蓟等。在园艺栽培中,由于当地露地环境不适合这些多年生花卉越冬,或者生长不良、品种易退化,但是它们具有种源丰富、容易结实、当年播种就可以开花的优点,故用来作一年生栽培。

2. 二年生花卉是指生命周期经过两年或两个生长季节才能完成的花卉。即从播种到开花、死亡,跨越两个年头,第一年营养生长,越冬后,第二年开花结实、死亡。一般秋天播种,春夏开花,结实后死亡,又称秋播花卉、耐寒性花卉。包括下面两类:

- 典型的二年生花卉:须苞石竹、紫罗兰、风铃草、毛蕊花、毛地黄、桂竹香、绿绒蒿等。
- 多年生作二年生栽培的花卉:蜀葵、三色堇、四季报春、雏菊、金鱼草等等。园林栽培中,这些种类喜冷凉气候,但由于当地栽培条件的影响,一般作二年生栽培观赏应用。

【生态习性】

一二年花卉生态习性的共性是:大多数喜阳光充足;根系浅,不耐干旱;要求湿润、深厚、疏松土壤。不同点是:一年生花卉喜温暖,不耐严冬;二年生花卉喜冷凉气候,耐寒性强,可耐0℃以下低温,冬季低温下进行春化作用,不耐炎热。

【园林应用特点】

一二年生花卉繁殖系数大,生长迅速,见效快,开花繁茂整齐,色彩鲜艳,花期集中,装饰性强,是春夏景观中的重要花卉。常用于花坛、花丛、花群、花境、花台、花钵、盆花、切花、地被、垂直绿化,尤其是花坛、花钵的主要材料。但为保证观赏效果,一年中场地花卉要更换多次,栽培管理精细,用工量大,管理费用较高。

第二章 一二年生花卉

飞燕草
Consolida ajacis

毛茛科

【形态特征】二年生草本，高达1m。叶掌状细裂。总状花序长，着花20~30朵小花，萼片花瓣状，5枚，背部一枚基部延展成长距而基部上举。花瓣2，联合，花白、粉、紫各色。

【生态习性】喜光、耐寒。

【花期花语】4~6月。自由、正义、清明、轻盈、美丽。

【园林用途】花形别致，色彩淡雅。春夏花境、花坛、切花、盆栽。

【种类识别】为同科不同属易混淆种。4种植物叶形相似，且只有花毛茛没有萼距。
1)耧斗菜 *Aquilegia vulgaris* 多年生草本，叶二至三出复叶，具长柄，花单生或顶生，花萼花瓣各5枚，下垂，每一花瓣呈漏斗形距。
2)翠雀（大花飞燕草）*Delphinium grandiflorum* 多年生草本，花瓣2，分生，生于上萼片与雄蕊之间，蓝紫色（详见P51）。
3)花毛茛 *Ranunculus asiaticus* 多年生草本，花萼5，绿色，早落，花1~4朵顶生，花径大，花瓣5，栽培种有重瓣，黄、红、白、紫各色（详见P80）。

黑种草
Nigella damascena

毛茛科

【形态特征】一年生草本，高35~60cm。叶互生，羽状深裂，裂片细长。花单生枝顶，花萼5个，淡蓝色，形如花瓣，花有许多突出的雄蕊，苞片与叶相似，成环形围绕着花。花后心皮膨胀，发育成球形果实。

【生态习性】较耐寒，喜向阳、肥沃、排水良好的土壤。

【花期花语】4~7月。性格、无尽的思念、迷雾中的爱、困惑。

【园林用途】花形奇特，华中、华东地区广泛引种栽培于园林中，作花境、花钵、花坛材料、切花、干花。

虞美人（丽春花）
Papaver rhoeas　　　　　　　　　　　　　　　　　　　　　罂粟科

【形态特征】 二年生草本，高40~60cm。全株被毛，叶二回羽状深裂，裂片披针形。花单生，花柄细长，花蕾下垂；花萼2，绿色，花瓣4，质薄有光泽，红、紫、白各色及复色，有重瓣和复瓣品种。蒴果呈截顶球形。

【生态习性】 喜光、耐寒，根系长，喜排水良好土壤。

【花期花语】 4~6月。别离、悲歌，（白色）安慰、慰问，（粉红色）奢侈、顺从。比利时国花。

【园林用途】 其容其姿具古典美人之丰韵，堪称花草中的妙品。江浙一带重要的春夏花坛、花境材料，表现野趣。

【种类识别】 同科不同属种类——花菱草（金英花）*Eschscholtzia californica* 两者花形极其相似。花菱草全株无毛，叶三回羽状深裂，花蕾直立，花黄、白、红，蒴果细长筴形。常与虞美人混植布设春季、初夏花坛。

虞美人

虞美人　虞美人

花菱草　花菱草

花菱草　花菱草

醉蝶花（西洋白花菜、凤蝶草）
Cleome spinosa　　　　　　　　　　　　　　　　　　　　　白花菜科

【形态特征】 一年生草本，高可达100cm。全株具黏毛，有浓烈异臭。掌状复叶互生。花多数，花萼与花瓣各4片，有长爪，初开为白粉色，后转红紫色。

【生态习性】 喜光，耐半荫，较耐干旱。蜜源植物。

【花期花语】 6~10月。我为卿。

【园林用途】 花姿酷似蝴蝶飞舞，优美而别致。大型花坛、花境、盆栽、蝴蝶园。

第二章　一二年生花卉

羽衣甘蓝（叶牡丹、花菜）
Brassica oleracea

十字花科

【形态特征】二年生草本，高30~60cm。叶宽大，倒卵形，集生基部，叶缘波状皱褶，外部叶粉蓝绿色，中间叶有白、粉红、紫红、乳黄、黄绿等色。总状花序，十字花冠，淡黄色，花葶可长达1m以上。
【生态习性】喜光、耐寒、极喜肥。
【花期花语】4月，整个生长期赏叶。利益、祝福、圆满。
【园林用途】叶色丰富而鲜艳，似开花效果，观赏期长，与红萘菜构成冬季和初春花坛最典型材料。花坛、盆栽、花境。

桂竹香（黄紫罗兰）
Cheiranthus cheiri

十字花科

【形态特征】二年生草本，高30~60cm。茎直立，多分枝。单叶互生，披针形，全缘，先端尖，枝顶数叶聚生。总状花序顶生，十字花冠，似油菜花，花瓣4，黄色，少紫色，有香味。长角果扁四棱形。
【生态习性】喜光，耐寒，不耐热，喜沙质土壤，略耐碱土。
【花期花语】4-5月。困境中保持贞节，真诚。
【园林用途】早春花坛、花境，盆栽。

紫罗兰
Matthiola incana

十字花科

【形态特征】二年生草本，株高30~50cm。全株被灰色柔毛，单叶互生，长椭圆形，先端圆钝，全缘。总状花序顶生，花瓣4，红紫、白、桃红色，少黄色。长角果圆柱形。
【生态习性】喜光，半耐寒，忌炎热，忌水涝。
【花期花语】4~6月。永恒的美、请相信我。
【园林用途】花色艳丽、花期长、芳香，春季花坛主要花卉。切花、花坛、盆栽。
【种类识别】同名"紫罗兰"的种类——非洲紫罗兰（非洲堇）*Saintpaulia ionantha* 苦苣苔科，花蓝紫色，叶似大岩桐，全株肉质多毛，常室内小型盆栽，四季观赏（详见P68）。

三色堇（蝴蝶花、猫脸花）
Viola tricolor

堇菜科

三色堇

【形态特征】多年生作一二年生栽培，高10~25cm。植株匍匐状，分枝多，托叶大，羽状深裂。花单生叶腋，具长柄，下垂。花冠蝴蝶状，花瓣5，有距，花大，4~6cm以上。花色丰富，有纯色系、斑色系、杂色系三种。通常花有三种颜色对称分布在五个花瓣上，构成形同猫的两耳、两颊和一张嘴的图案，故名猫脸花。又因整个花被风吹动时，如翻飞的蝴蝶，故又有蝴蝶花的别名。

【生态习性】喜光，耐半荫，忌高温多湿。

【花期花语】3~5月。忧郁、沉思、请想念我。"花中谁似猫，唯有三色堇"。波兰国花。

【园林用途】株型低矮，花色浓艳而丰富，花型奇特而富有趣味，是早春重要草花。花坛、花境、花池、花钵、岩石园、野趣园、镶边材料、盆栽摆放。

三色堇

三色堇

【种类识别】

1)同属相似种类——角堇 *V. cornuta* 与三色堇花型相同，但叶小，花径小，1~2cm，更显精致与精灵。有花朵繁密、生育期短、耐热性好的优点，被广泛露地栽培和室内盆栽。

2)花形相近，也极似蝶的植物——蛾蝶花 *Schizanthus pinnatus* 茄科，二年生草本，叶一至二回羽状全裂。总状圆锥花序，堇紫色，是春季优美的花坛、盆花植物，具异国情调，耐寒性较强。

蛾蝶花

蛾蝶花

角堇

石竹（中华石竹、洛阳花）
Dianthus chinensis

石竹科

中华石竹

中华石竹

中华石竹

中华石竹

常夏石竹

常夏石竹

须苞石竹

须苞石竹

重瓣瞿麦

香石竹

常夏石竹

【形态特征】多年生草本作二年生栽培，高15～75cm。茎节处膨大如竹。叶对生，基部抱茎。花单生或2～3朵簇生，苞片4～6枚，萼筒上有条纹，花瓣5枚，先端齿裂。

【生态习性】喜光，耐干旱瘠薄，耐盐碱，忌炎热。

【花期花语】4～9月。妩媚、女性美、荣耀。

【园林用途】花繁艳丽，花期长，叶似竹，柔中有刚。花坛、花境、镶边布置、岩石园、盆栽。石竹与同科花卉剪秋罗 *Lychnis coronata* 及瞿麦 *Dianthus superbus* 习称为"石竹科三美"，在园林中广泛用于布置花坛、花境。

【种类识别】同属常见栽培但易混淆的4个种：在花序及花朵数量、花大小上差异较大。

香石竹（康乃馨）*D.caryophyllus* 株高90cm，花径大，作切花，世界四大切花之一，不耐寒。

须苞石竹（美国石竹、五彩石竹）*D.barbatus* 花小而多，密集成聚伞花序，苞片先端须状，花瓣上有环纹斑点。

常夏石竹（地被石竹）*D.plumarius* 低矮簇生，茎叶有白粉，叶细小，花2～3朵顶生，花径2.5cm。

瞿麦 花疏圆锥花序，花径4cm，花瓣深裂具长爪，萼筒长2～3cm。

重瓣瞿麦

瞿麦

高雪轮（大蔓樱草）
Silene armeria　　　　　　　　　　　　　　　　石竹科

【形态特征】一年生草本，高60cm。茎直立，植株被白粉，叶对生，卵状披针形，叶基部抱茎。密复聚伞花序，萼筒窄长不膨大，花瓣先端凹入，花径1.8cm，粉红、白色。
【生态习性】喜温暖、阳光充足。
【花期花语】4～6月。青春的烦恼。
【园林用途】花境、花径、地被、岩石园、盆栽、切花。
【种类识别】同属相似种——矮雪轮*S.pendula* 相对高雪轮的特点：株高10～30cm，茎基匍匐，花单生叶腋，开放后下垂，萼筒筒状膨大。常用于春夏花坛、绿地镶边。

半支莲（龙须牡丹、太阳花、松叶牡丹）
Portulaca grandiflora　　　　　　　　　　　　马齿苋科

【形态特征】一年生草本，高20～30cm。茎叶肉质，匍匐生长，叶圆柱形。花簇生枝顶，有白、粉、红、黄、橙等色，深浅不一或具斑纹。花仅于阳光下开放，阴天关闭，每花花期一天，后凋谢。园艺品种有单瓣、半重瓣、重瓣、大花等类型。
【生态习性】喜光，耐干旱瘠薄。
【花期花语】6～10月。短暂、天真、怜惜。
【园林用途】花色繁多而鲜艳，极其常见的夏季露地花卉。花坛、花境、花径、岩石园、花池、镶边材料、盆栽。
【种类识别】常口误或笔误混淆的3个种：它们分属不同科，形态也完全不同。
1)半支莲 马齿苋科，花簇生顶端，辐射对称花冠5瓣。
2)半边莲*Lobelia chinensis* 桔梗科，花开半边，白色，野地常见，栽培种花色多样。花期5～10月。
3)半枝莲*Scutellaria barbata* 唇形科，花生于上部叶腋，偏向一侧，2朵对生，排列成偏侧的总状花序，顶生，花冠二唇形，紫色。花期5～6月。

第二章　一二年生花卉

红苋菜（红厚皮菜、红甜菜）
Beta vulgaris

藜科

【形态特征】二年生草本，高30～60cm。叶丛生，长卵圆形，全缘，肥厚，有光泽，深紫红色。花小，绿色。
【生态习性】喜光，稍耐荫，喜肥。
【花期花语】6～7月，赏叶期冬、春。
【园林用途】株型整齐，叶光泽而鲜艳，是冬春季常见的露地彩色观叶草本。模纹花坛、花境中作色条、色块，室内盆栽观赏。

地肤（扫帚草）
Kochia scoparia

藜科

【形态特征】一年生草本，高100～150cm。植株卵圆球形，叶线形，细密，草绿色，秋凉变暗红。花腋生、小而不显著。
【生态习性】喜光，极耐炎热，耐干旱瘠薄。
【花期花语】花期秋季，四季赏叶。
【园林用途】株形圆球状，叶色嫩绿、柔软。花境、花坛中心或镶边、背景、绿篱。

五色苋（模样苋、五色草、红绿草）
Alternanthera bettzickiana 　　　　　　　　　　　苋科

【形态特征】 多年生草本作一年生栽培，株高15～40cm。叶对生，全缘，匙形或披针形，具黄斑或褐色斑，叶小，叶柄长。花小，叶腋簇生成球，白色。园艺品种有小叶绿和小叶红，前者小叶绿色，后者小叶褐红色。

【生态习性】 喜光，分枝性强，耐修剪。

【花期花语】 夏季开花，终年赏叶。

【园林用途】 植株低矮，枝叶密集。毛毡花坛，立体花坛，花境边缘及岩石园点缀。

雁来红（三色苋、老来少）
Amaranthus tricolor 　　　　　　　　　　　苋科

【形态特征】 一年生草本，高80～150cm。叶互生，卵圆形，暗紫色，顶部叶在秋季大雁南飞时变成黄橙红三色，故得名。穗状花序成簇，腋生，花小，绿色。入秋顶部叶变黄色者为雁来黄。

【生态习性】 喜阳光充足、湿润的环境，耐旱，耐碱，不耐寒。

【花期花语】 7～10月，秋后赏叶。装模作样、虚荣。

【园林用途】 花坛、花境背景、篱垣、路旁点缀、切花、盆栽。

【种类识别】
老枪谷(尾穗苋)*A.caudatus* 穗状花序特长，暗红色，细而下垂，赏花序为主。南亚热带地区多见。

老枪谷

雁来黄

雁来红

第二章 一二年生花卉

鸡冠花
Celosia cristata

苋科

【形态特征】 一年生草本，高20~150cm。叶互生，卵状披针形。肉穗状花序顶生，呈扇形、肾形、扁球形、凤尾状等各种形状，花序上部退化成丝状，中下部呈干膜质状，整个花序有深红、橙黄、鲜红、金黄等色，且花色与叶色有相关性，花细小不显著。

【生态习性】 喜高温、全光照且空气干燥的环境，较耐旱。

【花期花语】 6~10月。痴情、引颈期待、时髦。

【园林用途】 花色艳丽，花型奇特，似鸡冠或火焰，花期长。花坛，花境，花丛，盆栽，干花。

【种类识别】 青葙 *C.argentea* 花序穗状，银白色，野地多见。

千日红（火球、千日草）
Gomphrena globosa

苋科

【形态特征】 一年生草本，高40~60cm。叶对生。头状花序圆球形，1~3个簇生于长总梗端，每花小苞片2枚，膜质发亮，紫红色，干后不落，且色泽不褪，看似花经久不凋，故得名。栽培种苞片有红色、粉色和白色。

【生态习性】 喜光、耐热、喜干燥气候。

【花期花语】 5~10月。永恒的爱、不朽、圆满。

【园林用途】 膜质苞片干而不凋，色彩鲜艳亮丽。花坛，花境，盆花，干花。

花亚麻（红花亚麻、大花亚麻）
Linum grandiflorum　　　　　　　　　　　　　　　　亚麻科

【形态特征】二年生草本，株高40~50cm。茎直立，基部分枝。叶互生，灰绿色，线状披针形。花单生，花梗细长，花下垂，花冠5裂，鲜红色或桃红色，花较大。

【生态习性】不耐寒，忌酷热，不耐湿涝，不耐肥，喜沙质土壤。

【花期花语】春季或秋季开花。美丽的哀愁。

【园林用途】花坛、花境、切花或盆花栽培。

【种类识别】同属种类——亚麻（蓝亚麻）*L. perenne* 茎纤细，顶梢下垂，花蓝色。

花名近似种类——赛亚麻 *Nierembergia frutescens* 茄科，多年生草本常做一年生植物栽培。株高20~30cm，花蓝色，多分枝，花期长，管理粗放。宜岩石园、花境、盆栽及成丛种植效果为佳。同属中常见栽培者有白花赛亚麻 *N.repens*。

凤仙花（指甲花、急性子）
Impatiens balsamina　　　　　　　　　　　　　　　凤仙花科

【形态特征】一年生草本，高20~80cm。茎直立，肉质，节部膨大。叶互生，披针形，叶柄基部两个腺体。花着生于上部密集叶腋，萼片3，后面一片成囊状，基部有长距，花瓣5，花红、白、紫和复色，可染指甲。果成熟后开裂，种子弹出，故得名急性子。

【生态习性】喜光，耐炎热，喜微酸性土壤，不耐干旱。

【花期花语】6~9月。急性子，匆促分别。

【园林用途】花期长，作夏秋花坛，花境、盆栽。

第二章　一二年生花卉

月见草（夜来香、待宵草）

Oenothera biennis

柳叶菜科

【形态特征】　二年生草本，高1m，作一年生栽培时植株矮些。全株有毛，茎直立，下部多分枝。叶披针形至卵圆形。花单生叶腋，花瓣4，倒心形，花黄色，花径5cm。

【生态习性】　喜光、耐寒、抗旱、忌积水、耐贫瘠、适应性强。

【花期花语】　5～9月，暮开朝萎。不屈的心、自由的心。

【园林用途】　夜晚开放，香气宜人，适于点缀夜景。阳坡山地、林缘、庭院、花坛及路旁。

【种类识别】　美丽月见草（红月见草）*O. speciosa*　花白天盛开，花色粉红，单枝盛花期10天左右，在江浙沪一带常作林下、林缘观花地被，花钵、花坛、花境。

28　园林花卉识别与实习教程（南方地区）

紫茉莉(小地雷、草茉莉、胭脂花、夜来香)
Mirabilis jalapa   紫茉莉科

【形态特征】多年生草本作一年生栽培,高50~100cm。茎具明显膨大的节部。单叶对生,卵形。花数朵集生总苞上,花萼呈花瓣状,喇叭形,红、橙、黄、白、粉等色或有条纹、斑点或两色相间,芳香。果黑色,表面皱缩有棱,俗称小地雷。

【生态习性】较耐寒,喜向阳、肥沃、排水良好的土壤。

【花期花语】夏秋。怯懦、胆怯。

【园林用途】花朵傍晚至清晨开放,烈日下闭合,黄昏散发浓香。花境、林缘、绿篱及建筑物周围丛植点缀。

【种类识别】别名为"夜来香"的花卉种类多,常被混淆。

1)晚香玉*Polianthes tuberosa* 石蒜科。详见P92。
2)月见草*Oenothera biennis* 柳叶菜科,晚上开,花香浓郁。详见P28。
3)茉莉花*Jasminum sambac* 木犀科,灌木,花白色,浓香,初夏至晚秋开花不绝。

紫茉莉

茉莉花

黄秋葵(黄蜀葵、黄葵)
Abelmoschus moschatus

锦葵科

【形态特征】一年生草本,高达2m。叶大,互生,掌状5~9深裂,裂片披针形,具不规则齿缘。花单生枝顶或叶腋,黄色至白色。

【生态习性】喜阳,不耐寒。

【花期花语】7~9月。鼓励。

【园林用途】植株高大,花色大而艳丽,作花境、花坛的景观背景或墙角、篱边、庭院中。

【种类识别】同科不同属植物——芙蓉葵(大花秋葵)*Hibiscus grandiflorus* 两者都高大、花大、叶大、耐盐碱。芙蓉葵是多年生花卉,叶广卵形,不裂。

蜀葵（一丈红）
Althaea rosea

锦葵科

【形态特征】多年生作二年生栽培（北方作一年生栽培），高达2.5m。单叶互生，近圆形，3~7浅裂。花大，单生叶腋或聚生总状花序顶生，小苞片6~9，花瓣5，紫红、淡红、白等色。

【生态习性】喜光、耐寒、不择土壤，抗SO_2。原产四川，故名蜀葵。

【花期花语】5~10月。炽热的心、丰收、平安。

【园林用途】茎粗壮直立，乡村气息浓厚，是夏秋房前屋后常见花卉。花境、建筑物旁、墙角、林缘、路旁、庭院。

【种类识别】同科易混淆种类：

锦葵*Malva sinensis* 花小，数朵簇生叶腋，淡紫色。

蔓锦葵*Callirhoe involucrate* 多年生蔓性草本，夏季优良地被植物。

黄秋葵

蜀葵

第二章 一二年生花卉

银边翠（高山积雪、象牙白）
Euphorbia marginata

大戟科

【形态特征】一年生草本，株高50~70cm。茎直立，叉状分枝，内具乳汁，全株具柔毛。单叶互生，卵形，茎顶端的叶轮生，入秋后，顶部叶片边缘或全叶变白色，宛如层层积雪。杯状花序着生于分枝上部的叶腋处，有白色花瓣状附属物，花小。
【生态习性】喜光、耐旱、不耐寒。
【花期花语】6~9月。高山积雪。
【园林用途】顶叶呈银白色，与下部绿叶相映，为夏季良好的观赏植物。林缘、灌丛边缘、花丛、花坛、花境镶边或背景，切叶。

含羞草
Mimosa pudica

含羞草科

【形态特征】多年生作一年生栽培，高40~60cm。枝基部木质化，全株被毛，茎有皮刺，二回羽状复叶，羽片2对生于叶轴顶端，触之即闭合下垂。腋生头状花序，如绒球，粉红色。荚果边缘有刺毛。
【生态习性】喜光、耐半荫、不耐寒、喜湿润、肥沃土壤。
【花期花语】7~10月。害羞、敏感。
【园林用途】羽叶纤细，叶片一碰即合，花如绒球清秀动人。地栽庭院，盆栽窗台案几欣赏。

长春花（五瓣莲、日日春）
Catharanthus roseus 　　　　　　　　　　　　　　　　夹竹桃科

【形态特征】多年生作一年生栽培，高30～60cm。茎直立，多分枝。叶对生，长椭圆形至倒卵形，全缘，两面光滑无毛，主脉白色明显。花腋生，花冠高脚碟状，具5裂片，白色、粉红、紫红色。
【生态习性】喜光，耐半荫，忌水涝。
【花期花语】5～10月。年轻人的友谊、快乐回忆。
【园林用途】花期长，叶色有光泽。花坛，花境，花台，盆栽。
【种类识别】与长春花名字易混淆的种类：分属不同科，形态也完全不同。
蔓长春花（长春蔓）*Vinca major* 夹竹桃科，蔓性亚灌木，叶对生，4～5月开蓝色小花，其变种花叶长春蔓，绿色叶片上有许多黄白色块斑，是一种美丽的观叶植物。详见P161。
常春藤*Hedera nepalensis* 五加科，木质藤本，叶互生，2裂。详见P160。

藿香蓟（蓝翠球、胜红蓟）
Ageratum conyzoides 　　　　　　　　　　　　　　　　菊科

【形态特征】多年生作一年生栽培，高30～60cm。全株被茸毛，单叶对生，卵形。头状花序成缨络状，小花全部为管状花，花色有蓝、粉、白等色。
【生态习性】喜光、不耐寒。分枝力强，耐修剪。
【花期花语】7～10月。好脾气。
【园林用途】花坛、地被、盆栽、花境、岩石园。

第二章　一二年生花卉

雏菊（延命菊、春菊）

Bellis perennis

菊科

【形态特征】　多年生作二年生栽培，高10～20cm。丛生，叶匙形，从叶间抽出数个花葶。头状花序，舌状花花色各异，中央管状花黄色。栽培品种花大，重瓣或半重瓣，有些舌状花呈管状，上卷或反卷。

【生态习性】　喜光、耐寒。

【花期花语】　2～5月。天真、希望、和平、幸福。

【园林用途】　植株矮小整齐，花期长，色彩丰富，是早春重要的露地草本花卉。花坛，花带，岩石园，盆栽。

金盏菊（金盏花、长生菊）

Calendula officinalis

菊科

【形态特征】　二年生草本，高30～60cm。全株被毛，叶互生，长圆形，全缘，基部抱茎。头状花序单生，花径5～10cm，舌状花有黄、橙、橙红、白等色。有重瓣、卷瓣和绿心、深紫色花心等栽培品种。

【生态习性】　喜阳、喜凉爽、耐干旱。

【花期花语】　2～5月。（中）财富，（西）惜别。

【园林用途】　花色鲜艳，花期长，春季花坛常见花卉。花坛、盆栽、花台、切花。

翠菊（江西腊、蓝菊、七月菊）
Callistephus chinensis　　　　　　　　　　菊科

【形态特征】一年生草本，高20～90cm。叶互生，卵形至长卵形，叶缘具不规则粗锯齿。头状花序单生枝顶，花径5～15cm，管状花黄色，舌状花蓝、紫等色，有全部为舌状而呈重瓣，或舌状花呈管状者。品种丰富，株高有矮、中、高型，花色有白、粉、桃红等，花型有平瓣类和卷瓣类。

【生态习性】喜光，忌酷暑，喜肥沃沙质土壤，忌涝。

【花期花语】6～9月。贞操、担心你的爱、诚信。

【园林用途】是常见栽培的夏秋花坛材料。花坛、花境、盆栽。

矢车菊（蓝芙蓉）
Centaurea cyanus　　　　　　　　　　菊科

【形态特征】一二年生草本，高30～80cm。植株直立，茎细长，多分枝，灰绿色，叶线形，具深齿或羽裂。头状花序顶生，舌状花漏斗状，花瓣边缘带齿，呈蓝、白、红、紫等色。有矮生型种，高20cm。

【生态习性】喜光，耐寒，不耐荫湿。

【花期花语】4～5月。合作、团结、单身的幸福。德国国花。

【园林用途】花坛、花境、切花、盆栽、草地镶边、林地片植。

【种类识别】花形极其相似的同科种类——琉璃菊（美国蓝菊）*Stokesia laevis* 多年生宿根草本，叶狭披针形。花顶生，总状苞叶密集，并密生刺状毛，舌状花瓣细裂丝状。

第二章 一二年生花卉

波斯菊（秋英、大波斯菊）
Cosmos bipinnatus

菊科

【形态特征】 一年生草本，株高60～100cm。二回羽状全裂，裂片稀疏，线形。头状花序有长总梗，径约6cm，花心黄色，舌状花先端有齿，白、淡红、黄、红紫色等。

【生态习性】 喜光，耐干旱瘠薄。

【花期花语】 7～10月。紫波斯菊：善良、平易近人，大波斯菊：少女之心。

【园林用途】 花色亮丽，质感细腻飘逸，富有野趣，夏季优良的花境材料。花境、路边、草坪边缘、树丛周围及路旁群植。

【种类识别】 波斯菊、蛇目菊、硫磺菊都是夏季常见的一年生花卉，作花坛、花境、林缘边、岩石园种植都可，富有野趣。

1) 蛇目菊（小波斯菊）*Coreopsis tinctoria* 与波斯菊叶形极其相似，都是二回羽状全裂，裂片细长。但花朵上区别明显，蛇目菊花心似眼睛般深褐色圈，极具特色，而且花小些，3～4cm，故名小波斯菊。

2) 硫华菊（硫磺菊、黄波斯菊）*Cosmos sulphureus* 与波斯菊同属，叶二至三回羽状深裂，裂片较前两种宽，有毛，舌状花金黄或橘黄色。

天人菊（忠心菊）
Gaillardia pulchella

菊科

【形态特征】 一年生草本，株高20～60cm。叶互生，披针形至匙形，基部叶羽裂。舌状花先端黄色，基部褐紫色，有大花和红花变种。

【生态习性】 喜光，不耐寒，耐干旱炎热，耐盐碱，抗强风，是良好的防风定沙植物。

【花期花语】 6～10月。忠诚。

【园林用途】 花色艳丽，花期长，栽培管理简单。花坛、花丛、盆栽。

【种类识别】

1) 宿根天人菊 *G. aristata* 多年生花卉，与天人菊很相似，识别点是：茎分枝少，基生叶多匙形，上部叶大多波状羽裂。

2) 栽培变种矢车天人菊的舌状花和部分筒状花都发育成漏斗状，形似矢车菊，花为黄色、红色或间色。

3) 大花天人菊 *G. grandiflora* 为天人菊与宿根天人菊的杂交种。其中'Arizona Sun'品种，株型紧凑，株高20~30cm，开花早，花期5~8月，耐旱、耐热。

矢车天人菊

宿根天人菊

宿根天人菊与矢车天人菊混播

天人菊

大花天人菊

大花天人菊

第二章 一二年生花卉

向日葵（太阳花、葵花、朝阳花）
Helianthus annuus

菊科

向日葵

勋章菊

向日葵

勋章菊

【形态特征】一年生草本，高1~3m。茎直立，粗壮。叶互生，卵形，粗糙。头状花序极大，10~30cm，常下倾，边缘舌状花1~3轮，不结实，中部管状花，棕色或紫色，结实，称葵花子。栽培有矮生种、多花种。

【生态习性】喜光，喜温暖，耐旱，耐盐碱。

【花期花语】6~9月，单花朵花期长达2周之久。仰慕、光辉、凝视着你、高傲、向往光明。俄罗斯国花。

【园林用途】独特的美国风情，酷似太阳的外型，是夏日的山地、空旷地、庭院、房前良好的景观花卉，矮生种适宜花坛，多花种作切花。

【种类识别】常见栽培的有"太阳花"俗称的花卉还有：

1)勋章菊 *Gazania rigens* 菊科多年生草本，丛生状，花金黄色有赤褐色条纹，花期4~5月，白天在阳光下开放，晚上闭合。象征荣耀与光彩，长江流域地区常作一年生露地栽培、室内盆栽，华南地区作花坛、花境。

2)非洲菊 *Gerbera jamesonii* 菊科多年生草本，丛生状，叶羽状浅裂，头状花序单生，花期四季，世界著名五大切花之一。详见P62。

3)半支莲 *Portulaca grandiflora* 马齿苋科一年生草本，匍匐生长，茎叶肉质，花簇生。详见P23。

麦秆菊（蜡菊）
Helichrysum bracteatum

菊科

麦秆菊应用效果图

【形态特征】一年生草本，高50~100cm。茎直立，叶互生，长椭圆状披针形，全缘。头状花序单生枝顶，总苞片多层，成覆瓦状排列，外层短，内层长，干燥硬质有光泽，形似花瓣，不凋萎，有白、粉、橙、红、黄等色。管状花黄色。花于晴天开放，雨天收闭。

【生态习性】喜光，不耐寒，忌暑热。

【花期花语】7~10月。永远不变、刻骨铭心。

【园林用途】花瓣状苞片宛如花朵。色泽艳丽，经久不退，是夏季花坛、花境及制作干花、切花的好材料。

黄帝菊（美兰菊、皇帝菊）
Melampodium lemon　　　　　　　　　　　　　　　　　　　　　　菊科

【形态特征】一年生草本，高30～50cm。全株粗糙，分枝茂密，叶对生，长卵形，先端渐尖，缘有锯齿。顶生头状花序，花密集，花径2cm，舌状花金黄色，管状花黄褐色。
【生态习性】耐热，耐湿，稍具耐旱性。
【花期花语】5～10月。
【园林用途】株型低矮、花量繁多、花期长。花坛、组合盆栽、花境。
【种类识别】黄金菊（罗马春黄菊）*Perennial chamomile* 明显识别点：全株具香味，叶色深，羽状叶细裂，花梗细长挑出叶丛。

瓜叶菊（瓜叶莲）
Senecio cruentus　　　　　　　　　　　　　　　　　　　　　　菊科

【形态特征】多年生作二年生栽培，高30～60cm。叶大、心状卵形，叶脉掌状，叶缘波状锯齿，叶形似瓜叶，故得名。头状花序簇生成伞房状，有蓝、紫、红、粉、白或镶色。
【生态习性】喜光，喜凉爽湿润气候，忌干旱，怕积水。
【花期花语】2～4月。富贵荣华、灿烂喜悦。
【园林用途】早春重要盆花。

黑心菊（杂种金光菊）

Rudbeckia hybrida

菊科

【形态特征】 一年生草本，高50~80cm。近基部处分枝，全株被粗糙刚毛。叶互生，阔披针形，全缘，无柄。头状花序单生，花心隆起，紫褐色，周边舌状花黄色、金黄色。栽培变种舌状花边有桐棕、栗褐色，重瓣和半重瓣类型，有来自美国的花心为绿色的"爱尔兰眼睛"。

【生态习性】 喜光，不耐寒，耐旱。

【花期花语】 5~10月。诚信。

【园林用途】 花坛、花境、建筑物周围、林缘、篱旁、切花。

【种类识别】 同属种类——金光菊 *R. laciniata* 多年生草本，株高2m。识别点是：叶片较宽，叶3~5裂，边缘锯齿，管状花黄色或黄绿色，花瓣稍反卷。花期长达半年之久，也是花坛、花境、草坪边缘成自然式栽植、切花的优良材料。

桂圆菊

Spilanthes oleracea

菊科

【形态特征】 一年生草本，高30~40cm。叶对生，广卵形，边缘有锯齿，叶色棕绿。花序卵球形，初开为酒红色，盛开时黄色。

【生态习性】 喜光，耐热不耐寒，微酸性土壤，忌干旱。

【花期花语】 6~10月

【园林用途】 花型叶色奇特，耐高温，是夏季优良的观赏花卉。花坛、花境、盆栽、地被。

万寿菊（臭芙蓉）
Tagetes erecta　　　　　　　　　　　　　　　　　菊科

【形态特征】 一年生草本，高20~90cm。茎粗壮，叶羽状全裂，裂片披针形，有油腺点，具臭味。头状花序顶生，花序梗上部膨大成棍棒状，舌状花具长爪，边缘皱曲，舌状花为黄、橙黄色，管状花黄色。栽培品种极多，有单瓣和重瓣；有矮生型（22~25cm）、中生型（40~45cm）、高生型（75~90cm）。

【生态习性】 喜光，耐寒，耐干旱。

【花期花语】 6~10月。友情、嫉妒、长寿、多福。

【园林用途】 花大色艳，花期长，夏秋花坛主要花卉，常与一串红、菊花搭配应用。花坛、花境、林缘群植、花台、花钵、盆栽。

【种类识别】 同属易混淆种类——孔雀草（小万寿菊、红黄草）*T. patula* 两者都具臭味，株型与花期相似，在花色与叶形不同。孔雀草相对较矮，茎细长有晕紫色，叶裂片线状披针形，较细短，花相对较小，舌状花金黄或橙黄色，基部具紫斑。

孔雀草

万寿菊

孔雀草

万寿菊

百日菊（百日草、对叶梅、节节高）
Zinnia elegans　　　　　　　　　　　　　　　　　菊科

【形态特征】 一年生草本，高30~90cm。叶对生，长卵形，基部抱茎，叶基脉3。头状花序顶生，花径5~10cm，舌状花深红、玫瑰、紫堇、白色，管状花黄、橙色，托片紫红色，有三角流苏状附片。有单瓣和重瓣品种。

【生态习性】 喜光，不耐寒，耐干旱与瘠薄，忌酷暑。

【花期花语】 6~10月。怀念亡友、温馨回忆、友谊永固。

【园林用途】 花期长，是夏秋花坛常见的理想材料。花坛、花境、花带、花丛、盆栽、切花。

【种类识别】 同属种类——小百日菊 *Z. angustifolia* 与百日菊相比，叶窄花小。叶披针形，头状花序径2cm，小花橙黄色，托片有黑褐色全缘的尖附片。花语为哀悼。

小百日菊　　百日菊

百日菊

小百日菊

小百日菊

黑心菊　桂圆菊　万寿菊　百日菊

报春花类（樱草）
Primula spp.

报春花科

【形态特征】多年生宿根草本，常作一二年生花卉栽培。植株低矮，叶基生，形成莲座状叶丛。伞形花序或总状花序，花冠漏斗状或高脚碟状，花冠裂片5，雄蕊5个，贴生于花冠筒上或花冠喉部。

【生态习性】喜温暖，忌炎热和干旱，宜钙质和铁质土壤，花色随细胞pH浓度而变化。

【花期花语】1～4月。（中）新的开始、富贵，（西）神秘的心情、青春、初恋。

【园林用途】我国西南地区冬季早春重要盆花及花坛用花。

【种类识别】常见栽培的种类有：
1)报春花（小种樱草、七重楼）*P. malacoides* 叶长卵形或圆形，叶缘有齿，伞形花序，着花3～7层，故名七重楼。每层着花5朵左右，常见花色有粉红、大红、紫色，偶见白色。为冬季优良冷温室盆花。

2)四季报春（四季樱草、鄂报春）*P. obconica* 叶椭圆形，叶面光滑，叶缘具浅裂。花葶高20cm左右，顶生数朵小花，花色多种，常见的有红、橙、紫、蓝、白等色，在昆明全年开花不断。

3)中国报春（藏报春、大种樱草）*P. sinensis* 叶椭圆形，边缘有羽状裂，叶柄长于叶片，叶背红色。花葶高20～30cm，具1～3层花，常见花色有深红、橙红、白色等。

4)欧洲报春 *P. vulgaris* 叶长椭圆形，叶面皱，花葶长5～10cm，顶端着花一朵，常见花色有红、黄、粉、橙、蓝、白等，花心常具黄色花斑。耐寒性强，为欧洲早春花坛花卉。在我国主要用于盆栽，近年十分流行。

风铃草（钟花、瓦筒花）
Campanula medium　　　　　　　　　　　　　　　　桔梗科

【形态特征】　二年生草本，株高1m，多毛。莲座叶卵形至倒卵形，叶缘圆齿状波形，粗糙。总状花序，1～2朵茎生。花冠钟状，有5浅裂，基部略膨大，花色有白、蓝、紫及淡桃红等。

【生态习性】　喜冷凉干燥，耐石灰质土壤。

【花期花语】　4～6月。温柔的爱、创造力、来自远方的祝福、嫉妒。

【园林用途】　花朵钟状似风铃，花色明丽素雅，在欧洲十分盛行，是夏季庭园中常见的草本花卉。高型者作花境、林地镶边与切花，矮型者作盆栽与岩石园。

【种类识别】　同科种类——桔梗*Platycodon grandiflorus* 两者花形都是钟形，极相似，故欧洲将风铃草叫钟花，将桔梗称中国钟花，详细区别见P65宿根花卉桔梗的介绍。

五色椒（观赏椒、朝天椒）
Capsicum frutescens　　　　　　　　　　　　　　　　茄科

【形态特征】　多年生亚灌木作一年生栽培，高30～60cm。株形、叶、花、果皆比普通辣椒略小。单叶互生，卵状披针形，全缘，叶面具光泽。花单生叶腋或簇生枝梢顶端，白色，形小。浆果直立，有指形、圆形或球形，呈现出白、黄、橙、浅红、深红等不同颜色，故名五色椒。

【生态习性】　喜阳光充足、温暖干燥的环境。

【花期花语】　6～7月，果期8～10月。引人注目、有吸引力。

【园林用途】　果绚丽多彩，富有趣味。花坛、花境、盆栽。

第二章　一二年生花卉

花烟草
Nicotiana alata

茄科

【形态特征】 一二年生草本，株高60～90cm，全株密被腺毛。茎直立，叶互生，披针形或长椭圆形。疏松总状花序顶生，花冠高脚碟状，五角星形。花色有白、淡黄、桃红、紫红等色，夜间及阴天开放，晴天中午闭合。

【生态习性】 喜光，不耐寒。

【花期花语】 6～9月。放弃、反悔。

【园林用途】 花期长，花色鲜艳，是夏季园林中优良花卉。花坛、花境、林缘、路边、盆栽。

【种类识别】 烟草 *N. tabacum* 一年生草本，植株直立高大，有限聚伞花序，花未开时呈黄绿色，随后变成淡红色至深红色。烟草是生物学实验中的一个模式植物，其叶是制烟的原材料。

矮牵牛（草牡丹、碧冬茄）
Petunia hybrida

茄科

【形态特征】 多年生作一年生栽培，高10～40cm。全株被腺毛，匍匐状。叶质柔软，卵形，全缘。花冠漏斗形，先端波状5浅裂。栽培品种极多，花型有单瓣、重瓣、皱瓣等品种；花大小不同，有巨大轮(9～13cm)、大轮(7～8cm)和多花型小轮(5cm)；株型有高(40cm以上)、中(20～30cm)、矮丛(低矮多分枝)、垂枝型；花色有白、粉、红、紫、堇至近黑色以及各种斑纹。

【生态习性】 喜光、忌高温高湿，干热季节开花繁茂。

【花期花语】 5～10月。与你同心、温馨相处。

【园林用途】 花大色艳，花期长，有"花坛植物之王"之称。花坛、花带、盆栽、花钵、窗台。

【种类识别】 与其名字与花形相似、但不同科的植物——牵牛（喇叭花）*Ipomoea nil* 旋花科，缠绕草本。详见P164。

44　园林花卉识别与实习教程（南方地区）

金鱼草（龙头花、狮子花）
Antirrhinum majus　　　　　　　　　　　　　　玄参科

【形态特征】多年生作二年生栽培，高20~70cm。植株直立，叶阔披针形。顶生总状花序，密被腺毛，花冠筒状唇形，基部膨大成囊状，上唇直立，2裂，下唇3裂，开展外曲，色彩丰富。
【生态习性】喜光，较耐寒，忌高温多湿。
【花期花语】3~6月。多嘴、好管闲事，欺骗，力量。（中）有金有余、活泼热闹，（西）好管闲事，自负，傲慢，爱出风头。
【园林用途】花坛、花境、切花、盆栽、背景材料。

蒲包花（荷包花）
Calceolaria herbeohybrida　　　　　　　　　　玄参科

【形态特征】一年生草本，株高20~30cm。茎叶被细茸毛，叶对生，卵形，有皱纹。聚伞花序，花具二唇，下唇囊状，形似荷包，花色丰富，有淡黄、深黄、淡红、鲜红、橙红等色，常嵌有褐色或红色斑点。
【生态习性】喜凉爽、湿润和通风环境，忌高温。
【花期花语】12~3月。招财进宝、愿把财富献给你。
【园林用途】花形别致，花色丰富，斑纹新鲜有趣，是重要的春季室内盆栽花卉，年宵花。

第二章　一二年生花卉

毛地黄（洋地黄、吊钟花、自由钟）
Digitalis purpurea

玄参科

【形态特征】 二年生草本，高60～120cm。茎直立，全株被短柔毛。基生叶丛生，叶片卵状披针形，粗糙、皱缩，叶缘有圆锯齿，叶柄具狭翅，叶形由下至上渐小。顶生长总状花序，花冠钟状，花冠紫红色，内面有斑点。人工栽培品种有白、粉和深红色等。因布满茸毛及酷似地黄的叶片，而得名毛地黄，又因来自欧洲，故又称为洋地黄。

【生态习性】 喜光且耐荫，耐寒，耐旱，耐瘠薄。

【花期花语】 5～8月。热爱、不诚实、隐藏的恋情。

【园林用途】 植株高大，花序花形优美。花境背景、花坛、岩石园、盆栽、切花。

【种类识别】 同科不同属植物——钓钟柳（吊钟柳）*Penstemon campanulatus* 茎直立但多分枝，花单生或3～4朵簇生叶腋总梗上，组成不规则总状花序，花冠二唇形。详见P67。

夏堇（花公草、蝴蝶草、蓝猪耳）
Torenia fournieri

玄参科

【形态特征】 一年生草本，高20～30cm。茎光滑，四棱形。叶对生，卵形，叶缘有细锯齿，秋季叶色变红。花在茎上部顶生或腋生，唇形花冠，酷似金鱼草，花萼绿色、膨大，萼筒上有5条棱状翼，有蓝、蓝紫、红紫、桃红等色。

【生态习性】 喜光，耐热，耐旱，适应性强。

【花期花语】 4～9月。青春、花样年华。

【园林用途】 花姿轻逸飘柔，花期长，为夏季优美草花。花坛、花境、花台、盆栽、屋顶、阳台。

【种类识别】 三色堇*Viola tricolor* 堇菜科，与夏堇名字相似，都有蝴蝶花的别称，花形都是唇形。夏堇与三色堇相比，具有花小、花喉部黄色、突出的花萼等明显的识别特征，详见P21。

美女樱（四季绣球）
Verbena hybrida　　　　　　　　　　　　　　　马鞭草科

【形态特征】多年生作一、二年生栽培，高30~40cm。茎四棱，半蔓生性，匍匐状，有毛。叶对生，长圆形，边缘不规则钝锯齿。聚伞花序顶生或腋生，花冠高脚碟状，有蓝、紫、红、白、粉等色。

【生态习性】喜光，不耐寒，不耐干旱。

【花期花语】4~10月。合作、敏感、家和万事兴。

【园林用途】花序繁多，花色丰富而秀丽，是常见夏秋花坛材料。花坛、花境、花带、花丛、地被。

【种类识别】同属种类——细叶美女樱 *V. tenera* 叶二回羽状深裂，裂片窄线形，花蓝紫色。

细叶美女樱

细叶美女樱

美女樱

美女樱

彩叶草（锦紫苏、五色草）
Coleus blumei　　　　　　　　　　　　　　　唇形科

【形态特征】多年生作一二年生栽培，高50~80cm。茎直立，四棱形。叶对生，菱状卵形，有粗锯齿，叶面绿色，具各色斑纹，富有变化。顶生总状花序，花小，淡蓝色，花瓣二唇形，雄蕊4。栽培品种有皱叶、波状叶缘、杂色叶、单色叶等类型。

【生态习性】喜光，忌强光直射，耐寒力较强，0℃以上可越冬。

【花期花语】夏、秋。叶：善良的家风；花：无缘之恋。

【园林用途】优良的观叶草本。花坛、花境、组合盆栽、庭院、切叶。

第二章　一二年生花卉

一串红（墙下红、爆竹红）
Salvia splendens　　　　　　　　　　　　　　　唇形科

【形态特征】 多年生作一年生栽培，高15～80cm。茎四棱，叶对生，卵形，两面无毛。顶生总状花序，花萼钟形，花冠二唇形，呈长筒状伸出萼外，花萼花冠同色，且花萼经久不凋。花色有鲜红色、白色、紫色、粉红色等色，分别又叫一串白、一串紫、一串粉。有中生、高生与矮生品种。

【生态习性】 喜光，耐半荫，不耐霜寒。

【花期花语】 6～10月。喜气洋洋、热情、精力充沛。

【园林用途】 花色艳丽，观赏期长。花坛、花境、花丛、花带、花台、盆栽。

【种类识别】 同属习见栽培的相似种：

1)蓝花鼠尾草（一串蓝）*S. farinacea*　株高30~60cm，花小、多密集，花冠花萼同为蓝紫色。
2)红花鼠尾草（朱唇）*S. coccinea*　株有毛，花小、花冠鲜红色。
3)粉花鼠尾草 *S. coccinea* 'Coral Nymph'　花冠粉红色。
4)天蓝鼠尾草 *S. uliginosa*　株高可达1.5m，花冠天蓝色，宜作花境背景。
5)深蓝鼠尾草 *S.guaranitica*　株高1.5m，叶表有凹凸状织纹，花比其他鼠尾草大，花冠深蓝色。

第三章 宿根花卉

【定义】

宿根花卉（Perennials）指地下器官形态未变态成球状或块状的多年生草本花卉。为避免重复，宿根花卉中适合水生环境生长的种类，如荷花、睡莲列入水生花卉；叶的观赏价值较高，较为耐荫的种类，如一叶兰等列入室内观叶植物；紫茉莉等虽为宿根花卉，但在园林中常做一二年生栽培，而列入一二年生花卉；吊兰、旱金莲等具有蔓性、爬藤等性状而被列入藤蔓花卉中，兰科植物则单列一类。

一般宿根花卉都经历多次开花结实而后死亡。但也有些如龙舌兰科龙舌兰属的种类是一生只开花一次，花后即行枯死的。

【分类】

依据花卉耐寒力不同，分为以下两类：

耐寒性宿根花卉：秋冬季地上茎、叶全部枯死，地下部分进入休眠状态，到春季气温回升时，地下部着生的芽或根蘖再萌发生长、开花。这些种类一般原产于温带，耐寒性较强，在我国的大部分地区可露地越冬，如芍药、鸢尾等。

不耐寒性宿根花卉：冬季茎仍然为绿色，但温度低时停止生长，呈现一种半休眠状态；温度适宜时休眠不明显，或只是生长稍有停顿。这些种类大多原产于热带、亚热带或温带的温暖地区，耐寒力较弱，在北方寒冷的地区不能露地越冬，如鹤望兰、红掌等。

【园林应用】

宿根花卉花色艳丽、花期较长，而且一般根系较强大，对环境的适应能力较强，具有一次种植可以多年观赏的特点，因而在园林中应用极为广泛。既可应用于室外园林的花境、花台、花坛、花钵，或在草坪上片植，作地被或形成花带，如鸢尾类、玉簪、萱草、芍药等。也可作为盆栽摆设于公园、建筑物等出入口处，如菊花、长寿花等，或作为春节年花摆设于室内，如君子兰、非洲紫罗兰等。此外，其切花还是插花的主要花材或配材，如菊花、香石竹、非洲菊、一枝黄花等。

第三章 宿根花卉

乌头（川乌头、紫花乌头）
Aconitum carmichaeli

毛茛科

【形态特征】 多年生草本，株高60~100cm。块根通常2~3个连生在一起，呈圆锥形或卵形。叶互生，卵圆形，有柄，掌状二至三回分裂，裂片有缺刻。茎顶端叶腋间开蓝紫色花，萼片5，花瓣2，花冠像盔帽，圆锥花序。
【生态习性】 喜温暖湿润气候，喜光，喜沙质壤土。适应性强。
【花期花语】 6~7月。致命的诱惑。
【园林用途】 花境，岩石园，切花。

野棉花（打破碗花花、山棉花、土白头翁）
Anemone vitifolia

毛茛科

【形态特征】 多年生草本，具圆柱形根状茎，高40~60cm。基生叶2~5，有长柄，叶片心状卵形或宽卵形，3~5浅裂。聚伞花序二至四回分枝，总苞片3，叶片状，轮生，萼片5，花瓣状，倒卵形，白色或带粉红色，外面密被白色茸毛，花瓣无，雄蕊多数。瘦果裂开后呈棉花状。
【生态习性】 喜光，耐半荫，喜夏季凉爽气候，耐寒。主要分布在西南地区的1200~2700m高海拔山地中。
【花期花语】 花期7~11月，果期8~12月。淡淡的爱，秋日恋歌。
【园林用途】 岩石园，花境，山地绿化。

翠雀（大花飞燕草）
Delphinium grandiflorum　　　　　　　　　　　　　　　毛茛科

【形态特征】 多年生草本，株高30~80cm。茎直立，多分枝，茎与叶柄被反曲而贴伏柔毛。叶互生，掌状3深裂。总状花序顶生，萼片瓣状，蓝色，距伸直，花瓣及退化雄蕊蓝色。
【生态习性】 喜凉爽、通风、日照充足的干燥环境和排水通畅的沙质壤土。西南地区有栽培。
【花期花语】 5~7月。自由。
【园林用途】 花丛，花坛，花境，切花。

芍药（将离、没骨花）
Paeonia lactiflora　　　　　　　　　　　　　　　　　　毛茛科

【形态特征】 地下具粗壮根，株高60~120cm。叶互生，二回三出羽状复叶。花一至数朵生于茎顶或分枝端，具长梗，大而芳香。园艺品种很多。
【生态习性】 喜光，极耐寒，忌夏季湿热，宜沙质土壤。
【花期花语】 4~5月。羞耻心、羞怯、害臊。我国传统名花，"花相"。
【园林用途】 花台，花境，花台，专类园，切花，盆栽。
【种类识别】 同属相似种类——牡丹 *P. suffruticosa*。
1)芍药：草本，植株相对矮些，小叶狭窄，前端不裂，正反面黑绿色，花多朵在枝顶成簇生状，花相对小，花期5月中上旬。
2)牡丹（木芍药）：灌木，株高2m，小叶较宽，前端裂，表面黄绿色，具柔毛，花单生枝顶，花较大，花期4月下旬，蓇葖果有毛。素有"花王"之称。

芍药

芍药

牡丹

牡丹

第三章　宿根花卉

白头翁（老公花、毛姑朵花）
Pulsatilla chinensis

毛茛科

【形态特征】宿根草本，全株密被白色长柔毛，株高20~30cm。基生叶4~5片，3全裂，有时为三出复叶。花单朵顶生，萼片花瓣状，蓝紫色，外被白色柔毛。花柱宿存，银丝状，形似白头老翁，故得名白头翁或老公花。
【生态习性】性喜凉爽气候，耐寒，要求向阳、排水良好的沙质壤土。
【花期花语】3~5月。仙风道骨、日渐淡薄的爱。
【园林用途】岩石园自然栽植，也可布置花坛、道路两旁，或点缀于林间空地。

金粟兰（珠兰、鱼子兰）
Chloranthus spicatus

金粟兰科

【形态特征】丛生，茎节明显，株高30~60cm。叶对生，倒卵状椭圆形，叶面光亮稍皱，具有钝锯齿，齿尖有腺体。穗状花序顶生，花小，黄绿色，极香。
【生态习性】喜高温多湿和通风的环境，不耐寒，畏直射阳光，喜酸性土壤。
【花期花语】8~10月。蕴含"隐约之美"。
【园林用途】地被，香花专类园，盆栽。

荷包牡丹（铃儿草、兔儿牡丹）
Dicentra spectabilis　　　　　　　　　　　　　　　　　　罂粟科

【形态特征】 肉质根状茎，株高30~60cm。叶对生，具长柄，二回三出羽状复叶，状如牡丹叶，叶被白粉。顶生总状花序下垂，小花上部狭窄且反卷似荷包，多为粉红色。
【生态习性】 喜凉爽、湿润的环境，耐寒，耐半荫，不耐高温和干旱，忌阳光直射。
【花期花语】 4~5月。答应追求、同意求婚，"中国的玫瑰花"。
【园林用途】 花坛，花境，盆栽，切花，岩石园。

落新妇（三七、红升麻）
Astilbe chinensis　　　　　　　　　　　　　　　　　　虎耳草科

【形态特征】 茎直立，密被褐色长毛，株高15~150cm。基生叶二至三回三出复叶，小叶卵状椭圆形，先端渐尖，具不整齐重锯齿，茎生叶稀少而小。圆锥花序与茎生叶对生，花序轴长而被褐色柔毛，小花密集，红紫色。
【生态习性】 喜半荫，较耐寒。
【花期花语】 6~7月。欣喜。
【园林用途】 花境，地被，切花。

第三章 宿根花卉

香石竹（康乃馨、麝香石竹） 石竹科
Dianthus caryophyllus

【形态特征】 茎直立，光滑而节膨大，茎叶均为绿色而稍被白粉，株高30～100cm。叶对生，线状披针形。花梗从叶腋处抽出，花大型，有微香，花瓣先端齿裂，色彩丰富，花期很长。

【生态习性】 喜光，喜夏凉冬暖气候，忌高温多湿。

【花期花语】 5～7月。母爱、慈祥、真挚、热恋。（红）相信您的爱、热情，（母亲节/红）祈祷健康，（黄）侮蔑，（桃红）热爱着您、女性之爱，（白）仰慕的爱、吾爱永存，（母亲节/白）怀念亡母。西班牙、捷克等国的国花。世界著名的"母亲花"。

【园林用途】 花坛，切花。香石竹与月季、菊花、唐菖蒲等合称为世界四大鲜切花。

剪夏罗（碎剪罗、剪红罗） 石竹科
Lychnis coronata

【形态特征】 多年生草本，高50～80cm。茎直立，节略膨大，全株光滑无毛。单叶对生，无柄，卵状椭圆形。花1～5朵集成聚伞花序，花瓣5，橙红色，先端有不规则浅裂，基部狭窄成爪状。

【生态习性】 耐荫，耐寒，喜湿润。生于长江流域一带的山坡疏林内或林缘草丛中的较阴湿处。

【花期花语】 7～8月。

【园林用途】 林下观花地被，花境，盆栽，切花。

【种类识别】 大花剪秋罗（山红花）*L. fulgens* 花数朵簇生茎顶，深红色，花瓣先端为两叉状深裂，两侧基部各有一个尖头小裂片，形似剪刀。北方多有种植。

石碱花（肥皂花、肥皂草）
Saponaria officinalis

石竹科

【形态特征】 具根状茎，茎直立，株高30～90cm。叶对生，阔披针形，具明显3出脉。聚伞花序顶生，小花梗短，花瓣先端凹，花淡粉色或白色。
【生态习性】 喜光，耐半荫，耐寒。生势强健。
【花期花语】 7～9月。顺利。
【园林用途】 富有野趣，宜作花境、花坛、地被、野趣园。

天竺葵（洋绣球、入腊红）
Pelargonium hortorum

牻牛儿苗科

【形态特征】 茎直立，多汁，全株被细绒毛，株高40～80cm。叶互生，圆形至肾形，边缘波状浅裂，叶面有深色马蹄形环纹。伞形花序生于叶腋处，小花多数。品种很多，叶色和花色丰富。
【生态习性】 喜光，喜冷凉，忌高温，不耐寒，稍耐旱，怕积水。
【花期花语】 10月至翌年3月。爱情、生活安乐。
【园林用途】 花坛，花境，林缘，华东华中地区盆栽。

第三章　宿根花卉

新几内亚凤仙（五彩凤仙）
Impatiens hawkeri

凤仙花科

【形态特征】　株丛紧密矮生，茎暗红色，株高30~50cm。上部叶三叶轮生，下部叶互生，卵状披针形，叶脉红色。花单生或腋生，呈伞房花序，花柄长，基部花瓣衍生成矩，花色丰富。
【花期花语】　全年开花。耐不住性子。
【园林用途】　华中地区作盆栽室内摆放，华南地区可用于花坛、花境。
【种类识别】　同属常见栽培的种类——何氏凤仙（玻璃翠）*I. holstii* 茎多汁，叶卵圆形，翠绿色，花单生叶腋，花大，花瓣平展，全年开花，常用于四季花坛、花钵、花带中。

倒挂金钟（吊钟海棠、灯笼花）
Fuchsia hybrida

柳叶菜科

【形态特征】　亚灌木，株高30~150cm。茎直立，纤弱，嫩枝紫红色。叶对生或轮生，卵状披针形，叶缘有疏锯齿。花生于枝上部叶腋，具长梗而下垂，花萼深红色，花瓣紫色，雄蕊长，伸出花外。
【生态习性】　喜半荫，喜凉爽，不耐炎热，稍耐寒。
【花期花语】　1~6月。热烈的心。
【园林用途】　盆栽，夏日凉爽地区布置花坛、花境。

千鸟花（山桃草、白桃花、白蝶花）

Gaura lindheimeri   柳叶菜科

【形态特征】 高100～150cm，茎多分枝。叶对生，披针形，先端尖，叶缘具波状齿，外卷。穗状花序或圆锥花序顶生，细长而疏散，花小而多，白色或粉红色。有叶和花均为紫色的园艺栽培种。

【生态习性】 喜光，耐寒，喜凉爽及半湿润环境，喜沙质壤土。华东地区多有栽培。

【花期花语】 5～9月。

【园林用途】 从北美洲引入的新型观花花卉，花多繁茂，花型奇特，婀娜轻盈。花坛，花境，地被，草坪中点缀。

四季秋海棠

Begonia semperflorens   秋海棠科

【形态特征】 茎直立、稍肉质、光滑，株高25～40cm。叶互生，阔卵形，有光泽，基部偏斜，叶缘具细锯齿及缘毛。聚伞花序腋生，花色多样。

【生态习性】 喜半荫，喜高温至温暖、湿润气候，忌空气干燥和积水，怕寒。

【花期花语】 四季开花，秋季最盛。相思、诚恳、亲切。

【园林用途】 花坛，花钵，花台，盆栽。

委陵菜类
Potentilla spp.

蔷薇科

【形态特征】多年生宿根草本，株高30～60cm。茎匍匐或直立，掌状或羽状复叶，小叶多为5枚，也有3或7枚。聚伞花序顶生，花瓣5，黄色，园艺变种有白色或红色。
【生态习性】喜光，耐寒。多生于海拔1000m以上的阳坡和荒山地。
【花期花语】5～9月。
【园林用途】岩石园，花境。
【种类识别】常见应用的种类——黄花委陵菜(金露梅)*P. fruticosa* 植株半匍匐状，掌状复叶，小叶5，边缘羽状缺裂，聚伞花序顶生，小花黄色。

羽扇豆（鲁冰花）
Lupinus polyphyllus

蝶形花科

【形态特征】茎粗壮直立，株高90～120cm。叶基生，掌状复叶，小叶9～18枚，披针形，叶面平滑，背面具粗毛。总状花序顶生，尖塔形；小花萼片2枚，边缘背卷；龙骨瓣弯曲，旗瓣带紫色，翼瓣蓝色。园艺品种多，花色多样。
【生态习性】喜光，喜凉爽气候，忌炎热。
【花期花语】5～6月。空想、悲伤、贪欲。在台湾地区，被形象地称为"母亲花"。
【园林用途】花坛，花境，花丛，盆栽，切花。

马利筋(莲生桂子花、金凤花)
Asclepias curassavica　　　　　　　　　　　　　萝藦科

【形态特征】 全株含乳汁，有毒。茎直立，株高30~180cm。叶对生，狭长披针形，全缘。聚伞花序顶生或腋生，花冠橘红色，裂片向下反卷，副花冠黄色。蓇葖果鹤嘴形，长约7~8cm，成熟后会裂开，内有多个棕黑色种子。
【生态习性】 喜光，耐半荫，喜高温至温暖、湿润气候，不择土壤，生势强健。
【花期花语】 5~12月。积极求爱、到处留情。
【园林用途】 花坛，花境，岩石园，盆栽。

千叶蓍草(西洋蓍草、多叶蓍)
Achillea millefolium　　　　　　　　　　　　　菊科

【形态特征】 多年生宿根草本，株高40~80cm。茎直立，密生白色长柔毛。叶互生，无柄，1~3回羽状深裂。头状花序伞房状着生茎顶，白、红、粉红等色，具香味。
【生态习性】 喜光，耐半荫，耐寒。
【花期花语】 6~8月。粗心大意。
【园林用途】 近年来引入我国，华中、华东地区广为栽培。花境、花丛、岩石园、切花。

第三章 宿根花卉

荷兰菊（纽约紫菀、柳叶菊）
Aster novi-belgii

菊科

【形态特征】主茎直立，多分枝，株高50~100cm。叶线状披针形，先端渐尖，基部渐狭，全缘或有浅锯齿。头状花序伞房状着生，花较小，舌状花1~3轮，蓝紫或白色。
【生态习性】喜光，耐寒性强，较耐旱。
【花期花语】8~10月。不畏艰苦。
【园林用途】花坛，花境，盆栽，切花。

大滨菊
Chrysanthemum maximum

菊科

【形态特征】株高40~100cm。基生叶具长柄，倒披针形，茎生叶无柄，线形。头状花序单生于茎顶，舌状花白色，有香气，管状花黄色。
【生态习性】喜光，耐寒，不择土壤。原产西欧，我国新近引种栽培。
【花期花语】5~7月。
【园林用途】植株整齐，花量多，华中、华东地区的园林中常见。花境，切花，花丛。

大花金鸡菊（剑叶波斯菊）
Coreopsis grandiflora　　　　　　　　　　菊科

【形态特征】茎分枝，株高30～60cm。叶对生，基生叶全缘，披针形；上部叶3～5裂，裂片披针形或线形，顶裂片尤长。头状花序大，具长梗，舌状花与筒状花均为黄色。

【生态习性】喜光，稍耐荫，喜温暖，耐寒，耐干旱和瘠薄。生势强健。

【花期花语】6～10月。永远、高兴、愉快。

【园林用途】夏日花境的主要材料，花坛，花带，地被，切花。

【种类识别】同属相似种类——'天堂之门'金鸡菊 *C. basalis* 'Heaven's Gate'花玫红色，花偏小，非常好的夏季花境和地被材料。

菊花（黄花、秋菊）
Dendranthema morifolium　　　　　　　　菊科

【形态特征】茎直立多分枝，基部半木质化，株高20～150cm。叶互生，有柄，卵形至广披针形，羽状浅裂至深裂，边缘有粗大锯齿，叶形变化大。头状花序单生或数个聚生顶端，微香。品种2万多个，颜色多样，花型各异。按花期分有春菊、夏菊、秋菊、寒菊；按花型、瓣型分有平瓣、匙瓣、管瓣、桂瓣、畸瓣；按应用目的分为独本菊、立菊、大立菊、悬崖菊、嫁接菊、案头菊等类型。

【生态习性】喜凉爽、阳光充足的环境，耐寒，不耐积水。

【花期花语】9～12月，也有夏、冬季及四季开花的种类。孤标亮节、高雅傲霜。

【园林用途】花境，花坛，地被，岩石园，盆栽，盆景，切花。

第三章　宿根花卉

紫松果菊（松果菊、紫锥花） 菊科
Echinacea purpurea

【形态特征】 茎直立，株高60~150cm。基生叶卵形，具长柄，茎生叶卵状披针形。头状花序单生或数朵聚生枝顶；舌状花1轮，紫红色，管状花突起成半球形，深褐色，盛开时橙黄色。有舌状花为白色和粉色的栽培种类。

【生态习性】 喜光，喜温暖，稍耐寒，耐干旱。

【花期花语】 6~10月。懈怠。

【园林用途】 花境，地被，切花。

粉红松果菊

紫松果菊

紫松果菊

紫松果菊

白花松果菊

非洲菊（扶郎花、大丁草、太阳花） 菊科
Gerbera jamesonii

【形态特征】 株高30~50cm，叶基生，矩圆状匙形，羽状浅裂或深裂。头状花序具长梗，花梗中空；舌状花1~2轮或多轮，管状花较小，常与舌状花同色。

【生态习性】 喜光，稍耐寒，喜冬暖夏凉气候。

【花期花语】 四季。毅力、神秘、兴奋等待、崇高美。世界五大切花之一。

【园林用途】 切花，盆栽，华南地区可露地种植作花境。

金光菊（太阳菊、九江西番莲）

Rudbeckia laciniata　　　　　　　　　　　　　　　　　　菊科

【形态特征】　茎多分枝，株高30~270cm。叶互生，叶片较宽，基生叶5~7羽状深裂，茎生叶3~5深裂或浅裂。头状花序具长梗，舌状花金黄色，下垂，筒状花黄绿色。有重瓣种类。
【生态习性】　喜光，耐干旱，极耐寒，不择土壤。
【花期花语】　6~9月。公平、正义。
【园林用途】　花境，林缘片植，盆栽，切花。

高秆金光菊

高秆金光菊

重瓣金光菊

银叶菊（雪叶菊）

Senecio cineraria　　　　　　　　　　　　　　　　　　　菊科

【形态特征】　茎直立，株高20~40cm，全株被白色绒毛。叶互生，匙形或羽状裂，银白色。头状花序顶生，金黄色，单瓣花型。
【生态习性】　喜光，不耐高温，忌积水。
【花期花语】　6~9月，终年赏银白色叶。
【园林用途】　重要的观叶植物，常见于花坛镶边，花境、盆栽。
【种类识别】　同科不同属的相似种类——芙蓉菊 *Crossostephium chinense* 半灌木，植株高约40cm及以上，叶聚生枝顶，先端全缘或浅裂。

银叶菊

芙蓉菊

银叶菊

第三章　宿根花卉

一枝黄花（加拿大一枝黄花）
Solidago canadensis

菊科

【形态特征】 植株直立，高30～150cm。单叶互生，叶长圆状披针形，离基3出脉，叶缘有锯齿。小头状花序密生，组成大型圆锥花序，黄色。
【生态习性】 喜阳，喜凉爽、高燥环境，耐旱。生势强健。
【花期花语】 6～10月。丰收的喜悦。
【园林用途】 切花，花境背景，花丛，高速公路两旁。有入侵性，不宜大面积片植。

龙胆（龙胆草）
Gentiana spp.

龙胆科

【形态特征】 多年生草本，株高30～60cm。茎直立；叶常对生，无柄，叶片全缘，卵形或卵状披针形；聚伞花序密集枝顶，花筒状钟形，鲜蓝色或深紫色。
【生态习性】 喜温凉湿润气候、酸性土壤。
【花期花语】 3～8月。纯洁的爱。
【园林用途】 岩石园、花境。

点地梅（喉咙草、白花珍珠草、铜钱草）
Androsace umbellata

报春花科

【形态特征】 多年生草本，植物体有细柔毛，株高15～30cm。叶心形，边缘有齿牙。花葶直立，伞形花序有花3～10朵，总苞5～10，不等大；花冠白色，裂片宽卵形，与花萼等长。

【生态习性】 喜湿润、温暖、向阳环境和肥沃土壤，常生于山野草地或路旁。

【花期花语】 4～5月。圣洁。

【园林用途】 岩石园，灌木丛旁，地被。

桔梗（僧冠帽、六角荷）
Platycodon grandiflorus

桔梗科

【形态特征】 根肥大多肉，茎直立，不分枝，株高40～120cm。叶3枚轮生、互生或对生，卵状披针形，近无柄，叶背具白粉。花单生或数朵聚成总状花序；花冠钟形，蓝紫色；含苞未绽放时，花瓣密合，六角状，酷似鼓鼓的小气球。花瓣为开时合抱，似僧冠，因而得名。

【生态习性】 喜光，喜凉爽、湿润气候，耐寒，忌积水。

【花期花语】 6～9月。永恒不变的爱。

【园林用途】 花境，岩石园，切花。

【种类识别】 同名桔梗、都有蓝色铃铛般花朵的相似种类——洋桔梗 *Eustoma grandiflorum* 为龙胆科一二年生草本，花冠钟形，叶对生，卵形，灰绿色，花有双色和重瓣品种，常作切花。

第三章 宿根花卉

宿根福禄考（锥花福禄考、天蓝绣球）
Phlox paniculata

花葱科

【形态特征】茎直立，不分枝，株高15～120cm。叶对生，卵状披针形。圆锥花序顶生，花朵密集，花冠高脚碟状。品种很多，花色多样。
【生态习性】喜光，喜温暖，耐寒，忌炎热多雨；耐旱，忌积水。
【花期花语】6～9月。多姿多彩、合意。
【园林用途】花坛，盆栽，岩石园，切花。
【种类识别】同属种类——福禄考和丛生福禄考，区别主要在植株形态与花形上。
1) 宿根福禄考 茎直立，圆锥花序顶生，花朵密集。
2) 丛生福禄考 *P. subulata* 茎密集匍匐，叶锥形簇生，花瓣倒心形，有深缺刻。常作地被。
3) 福禄考（草夹竹桃）*P. drummondii* 一年生草本，株形与丛生福禄考相似，全株被茸毛，花冠裂片全缘或不整齐齿牙缘。

轮叶马先蒿（马蒿草）
Pedicularis verticillata　　　　　　　　　玄参科

【形态特征】多年生草本，株高20～30cm。基生叶具长柄，条状披针形，羽状深裂至全裂，茎生叶常4枚轮生，无柄，较基生叶宽而短。轮状花序顶生，花萼卵形。花冠紫红色，唇形。
【生态习性】喜凉润，喜光，耐瘠薄。
【花期花语】6～7月。爱国。
【园林用途】岩石园、花境。

钓钟柳
Penstemon campanulatus　　　　　　　　玄参科

【形态特征】茎直立，丛生，多分枝，株高30～80cm。叶对生，披针形。总状花序，花冠二唇形，花冠筒内有白色条斑，花色有紫、玫瑰红、紫红或白等。
【生态习性】喜光，不耐寒，忌夏季高温干旱。
【花期花语】7～10月
【园林用途】花坛，花境，盆栽。

宿根福禄考

轮叶马先蒿

钓钟柳

第三章　宿根花卉

穗花婆婆纳
Veronica spicata

玄参科

【形态特征】茎直立，株高40～80cm。叶对生，披针形，具锯齿。顶生总状花序呈长穗状，花萼4深裂，花冠蓝、白、粉或紫色。
【生态习性】喜光，喜冷凉气候，耐寒。
【花期花语】6～8月。
【园林用途】株形紧凑，花枝优美，是重要的夏季花境材料，也作花坛或切花。
【种类识别】轮叶婆婆纳 *V. sibirica* 叶4～6枚轮生，穗状花序顶生，极少在最上部的叶腋中有小分枝而花序复出，呈圆锥状，花冠筒状，4裂，红紫色，雄蕊2。

非洲紫罗兰（非洲紫苣苔）
Saintpaulia ionantha

苦苣苔科

【形态特征】植株矮小，呈莲座状，全株被柔毛，株高20～40cm。叶卵圆形，全缘，表面暗绿色，背面白色，常带有红晕，叶柄长。伞形花序，花瓣5；花色十分丰富。
【生态习性】喜半荫，忌强光和高温。
【花期花语】5～10月。
【园林用途】盆栽。

随意草（假龙头、芝麻花）
Physostegia virginiana

唇形科

【形态特征】具匍匐状根茎，茎少分枝，稍四棱形，株高60~120cm。叶对生，阔披针形，先端锐尖，具锯齿。顶生穗状花序，花冠二唇形；紫红、红、粉至白色。如将小花推向一边，不会复位，因而得名。

【生态习性】喜光，喜温暖，耐寒。

【花期花语】7~9月。情随意动，心随情动。

【园林用途】花坛，花境，花丛，切花。

【种类识别】同有"龙头花"之称的还有玄参科的金鱼草 *Antirrhinum majus*，叶对生，披针形；顶生总状花序，花冠二唇形，下唇隆起，花色多样。详见P45。

第三章 宿根花卉

夏枯草
Prunella vulgaris

唇形科

【形态特征】 茎直立，高10～40cm。叶卵形或椭圆状披针形，全缘或疏生锯齿。轮伞花序顶生，呈穗状，花萼二唇形，宿存，花冠唇形，紫色或白色。
【生态习性】 喜光，耐寒，耐旱。全国各地均有分布。
【花期花语】 5～7月。
【园林用途】 花境，花丛，花坛，地被。有祛除湿热、防暑降温之功效，可布置药用植物专类园。

绵毛水苏
Stachys lanata

唇形科

【形态特征】 株高20～40cm，全株被白色绵毛。叶对生，基生叶长匙形，茎上部叶长椭圆形。轮伞花序，紫色或粉色。
【生态习性】 喜光，耐热，耐寒，耐旱，不耐湿。为我国近年来引进栽培的种类。
【花期花语】 6～7月。
【园林用途】 银灰色叶片柔软而富有质感，长江流域园林中大量应用。花境，岩石园，地被，花坛，草坪中的色块。

萱草（黄花、忘郁、忘忧草）

Hemerocallis fulva　　　　　　　　　　　　　　　　百合科

【形态特征】根状茎粗短，株高50~80cm。叶基生，二列状长带形。圆锥花序，着花6~12朵，花葶自叶丛中抽出，高于叶丛，花冠漏斗形，橘红色，花瓣中有褐红色斑纹，芳香。品种很多，有小花型和重瓣型，有淡黄、橙红、淡雪青、玫红等色，珍贵的品种一茎可开40~50朵花。

【生态习性】喜光，耐半荫，耐寒，耐旱，耐盐碱，不择土壤。性强健。

【花期花语】5~7月，朝开暮谢。母亲之花、隐藏的爱，（中）忘忧、疗愁，（西）媚态。

【园林用途】初春、夏季园林中主要花卉。花境，地被，花坛，盆栽，切花。

【种类识别】同属常见栽培的种和品种还有：

1)黄花菜（金针菜）*H. citrina*　植株相对矮小，叶较宽而长，花小而量多，着花可达30朵，淡黄色，芳香，夜间开放，中午强光下闭合。花期7~8月，可食用。

2)大花萱草 *H. middendorfii*　植株低矮，叶短而窄，花茎高于叶丛，花梗短，2~4朵簇生，花朵紧密，具大型三角形苞片。花期4~5月，秋水仙碱含量高，不宜食用。

3)金娃娃萱草 *H. fulva* 'Stella deoro'　花葶粗壮，花7~10朵，金黄色。花期5~11月，单花开放一周。从北美引进的优质品种，具有耐寒、耐旱、耐热、耐湿，生态幅特别广，适应性很强，株型紧凑，花期长，花大，花色纯正等诸多优点，在我国华北、华中、华东、东北等地园林绿地广泛种植。

第三章　宿根花卉

玉簪
Hosta plantaginea　　　　　　　　　　　　　　　　　　　　百合科

【形态特征】地下茎粗壮，株高30cm，花葶高50~70cm。叶丛生，卵形至心状卵形，有明显的主脉，端尖，基部心形。总状花序高出叶丛；花被筒长，下部细小，形似簪；花白色，极芳香。有花叶的栽培种类。

【生态习性】喜半荫，忌强光；喜冷凉，耐严寒，喜湿。生势强健。

【花期花语】7~9月。脱俗、冰清玉洁。

【园林用途】地被，花境，盆栽，切叶。

【种类识别】同属相似种——紫萼 *H. ventricosa* 叶较窄小，基部常下延呈翼；花淡紫色，无味；白天开放。

火炬花（火把莲）
Kniphofia uvaria　　　　　　　　　　　　　　　　　　　　百合科

【形态特征】株高50~60cm，花葶高40~200cm。叶基生，广线形，边缘内折，叶缘有细锯齿，被白粉。花葶高于叶丛，圆锥状总状花序，呈火炬形；橘红色筒状小花由基部向上开放。

【生态习性】喜光，耐半荫；喜温暖，较为耐寒，忌水涝。

【花期花语】夏季。爱的苦恼。

【园林用途】花境背景，切花。

花烛（红掌、安祖花）
Anthurium andraeanum　　　　　　　　　　　　　　　天南星科

【形态特征】 具肉质根，茎短，株高40~60cm。叶基生，长椭圆心形，革质，全缘，具长柄。花顶生，高于叶丛；佛焰苞广心形，鲜红色，蜡质而有光泽，肉穗花序黄色。栽培品种的佛焰苞还有粉、白、绿等色。
【生态习性】 喜半荫，喜高温高湿气候，忌闷热，不耐寒。
【花期花语】 全年开花。大展宏图、热情、热血，多用于新店开张或婚礼喜庆。
【园林用途】 室内盆栽观花、观叶、切花。
【种类识别】
1) 同科不同属种类——白掌(白鹤芋)*Spathiphyllum floribundum*　为白鹤芋属植物，叶片近披针形，佛焰苞阔卵形，近直立，白色，而花烛栽培品种中的白色佛焰苞近平展。
2) 同属种类——火鹤花 *A. scherzerianum*　与花烛的花苞同是掌形，颜色也近似。识别点是：火鹤花的肉穗好像鹤鸟的颈项，细长而弯曲；而红掌的肉穗则粗壮短小。

花烛

火鹤花

花烛

白鹤芋

百子莲（百子兰、紫君子兰）
Agapanthus africanus　　　　　　　　　　　　　　　石蒜科

【形态特征】 具短缩的根状茎和粗绳状的肉质根，株高30~40cm，花莛可达60cm。叶基生，2列状排列，舌状带形，光滑，浓绿色。花莛粗壮直立，高于叶丛；伞形花序，小花钟状漏斗形，紫蓝色。
【生态习性】 喜光，耐半荫；喜湿润，忌涝；喜肥。
【花期花语】 6~8月。浪漫的爱情或爱情来临。
【园林用途】 花境，花丛，切花。
【种类识别】 石蒜科的球根花卉——朱顶红 *Hippeastrum vittatum* 又名百枝莲，其名与百子莲读音相似，常被混淆为一种植物。其实无论叶片、根茎，还是花径、花色及花朵数量，两者都有很大区别。详见P90。

第三章 宿根花卉

大花君子兰（君子兰、大叶石蒜）
Clivia miniata   石蒜科

【形态特征】 茎短粗，假鳞茎状，株高40～60cm。叶扁平宽带形，近2列状排列成一个平面，呈扇形，全缘，革质，深绿色。花葶高于叶丛，伞形花序，着花数十朵，花冠漏斗形，橙红色。

【生态习性】 喜冬暖夏凉的半荫环境，不耐寒，稍耐旱，不耐水湿。

【花期花语】 冬、春季。高贵、宝贵、君子之风。

【园林用途】 盆栽观花、观叶。

【种类识别】 同属的相似种类——垂笑君子兰 *C. nobilis* 叶片狭长，花葶稍短于叶；花小而下垂，似低头微笑而故得名。

大花君子兰

垂笑君子兰

垂笑君子兰

射干
Belamcanda chinensis   鸢尾科

【形态特征】 地下茎短而坚硬，株高50～100cm。叶剑形，扁平而呈扇状互生，被白粉，纵向平行脉明显。二歧状伞房花序顶生，花橙红色或橙黄色，外轮花瓣有红色斑点。

【生态习性】 喜光，喜高温高湿气候，不耐寒。生势强健。

【花期花语】 7～8月。花枝招展。

【园林用途】 花境，花丛，切花。

鸢尾（蓝蝴蝶）
Iris tectorum

鸢尾科

【形态特征】 株高20～50cm，根状茎粗壮圆柱形。叶基生，剑形，无明显中肋。花莛从叶丛中抽出，高于叶丛，总状花序1～3朵；花蝶形，蓝紫色，外轮3垂瓣倒卵形，中脉有一行白色鸡冠状带紫纹凸起的附属物，内轮3旗瓣，拱形直立，较小。

【生态习性】 喜半荫，耐寒，耐旱，耐湿，喜微碱性土壤。生势强健。

【花期花语】 4～6月。爱的使者、胜利和征服、神圣、"彩虹女神"。法国的国花。

【园林用途】 花坛，花境，花丛，林下地被。

【种类识别】

1）蝴蝶花 *I. japonica* 花多数，排列成总状聚伞花序，花淡蓝紫色或白色，外轮垂瓣的中脉有黄色鸡冠状附属物，内轮旗瓣边缘有细齿裂。

2）德国鸢尾 *I. germanica* 叶无中肋，苞片草质，绿色边缘膜质，花色淡紫、蓝紫、黄或白色，垂瓣中脉有黄白色须毛及斑纹。

3）同属的黄菖蒲和花菖蒲，其区别见水生花卉中。

第三章 宿根花卉

芭蕉
Musa basjoo

芭蕉科

【形态特征】 多年生大型草本，由叶包围而成的假茎高4～6m。叶巨大，侧脉羽状，平行，具长柄。淡黄色穗状花序下垂，果实肉质。
【生态习性】 喜光，喜温暖湿润气候。
【花期花语】 终年赏叶，花期夏季。孤独忧愁、离情别绪，"听雨打芭蕉，舒离情愁绪"。
【园林用途】 "扶疏似树，质则非木，高舒垂荫"之热带风光。角隅、窗外、山石旁丛植，路旁、建筑墙体、水旁列植。
【种类识别】 同属种类——红花蕉（红蕉、观赏芭蕉）*M. coccinea* 都有长椭圆形的大叶片，但花序不同，花色也不一样。

芭蕉

红花蕉

红花蕉

地涌金莲
Musella lasiocarpa

芭蕉科

【形态特征】 植株丛生，具水平生长匍匐茎，地上部分为假茎，株高80～100cm。叶大型，长椭圆形，似芭蕉叶。花序莲座状，生在假茎上；苞片黄色，花两列，花被淡紫色，味清香。开花时叶枯萎。
【生态习性】 喜光，喜温暖湿润，不耐寒。
【花期花语】 每年长达8～10个月。高贵典雅、万事如意。
【园林用途】 花坛中心，配置于假山石旁。

旅人蕉（扇芭蕉、水树）
Ravenala madagascariensis 旅人蕉科

【形态特征】乔木状多年生草本。叶成两纵列排于茎顶，呈窄扇状，叶片长椭圆形。叶柄底部储藏大量水分。蝎尾状聚伞花序腋生，花茎短，总苞船形，黑紫色，舌瓣白色，形似大型天堂鸟蕉。
【生态习性】喜光，喜高温多湿气候。广东、海南有栽培。
【花期花语】7~9月。马达加斯加的"国树"。
【园林用途】叶状如芭蕉，又如孔雀开屏，极富热带自然风光情趣。宜在公园、风景区的草坪上栽植观赏。

鹤望兰（天堂鸟）
Strelitzia reginae 旅人蕉科

【形态特征】根粗壮，肉质，株高100~200cm。叶近基生，两侧排列，长椭圆形；叶柄长达1m，叶背和叶柄被白粉。花葶直立，近等长于叶丛；总状花序呈佛焰苞状，小花外3枚被片橙黄色，内3枚被片舌状，蓝色。
【生态习性】喜光，喜温暖湿润气候，不耐寒。
【花期花语】环境适宜条件下周年开花。自由、吉祥。
【园林用途】花序繁多，花色丰富而秀丽，是常见夏秋花坛材料。花坛、花境、花带、花丛、地被。
【种类识别】
1)花名相似种类——鹤顶兰*Phaius* spp. 为兰科花卉，其形态完全不同。详见P117。
2)同科不同属相似种类——红鸟蕉（鹦鹉蝎尾蕉、红鸟赫蕉、小天堂鸟）*Heliconia psittacorum* 多年生常绿草本，株高1~2m。叶椭圆状披针形，革质。总状花序顶生，外苞片红色，内苞片鸟喙状。热带地区花期春夏秋三季。地栽作庭园装饰，盆花，切花（习称为小鸟，鹤望兰称为大鸟）。

鹤望兰

鹤望兰

红鸟赫蕉

红鸟赫蕉

第四章
球根花卉

【定义】

球根花卉指的是地下部分肥大呈球状或块状的多年生草本花卉。其特点是地下根系或地下茎发生变态,膨大成为球形或块状,成为植物体的营养贮藏器官,助其度过逆境,待环境适应时,再度生长、开花。

【分类】

一、根据球根形态和变态部位分

球茎类: 地下茎短缩膨大呈实心球状或扁球形,其上有环状的节,节上着生膜质鳞叶和侧芽;球茎基部常分生多数小球茎,称子球,可用于繁殖,如唐菖蒲、小苍兰、番红花等。

鳞茎类: 茎变态而成,呈圆盘状的鳞茎盘。其上着生多数肉质膨大的鳞叶,整体球状,又分有皮鳞茎和无皮鳞茎。有皮鳞茎外被干膜状鳞叶,肉质鳞叶层状着生,故又名层状鳞茎。如水仙及郁金香。无皮鳞茎则不包被膜状物,肉质鳞叶片状,沿鳞茎中轴整齐抱合着生,又称片状鳞茎,如百合等。有的百合(如卷丹),地上茎叶腋处产生小鳞茎(珠芽),可用以繁殖。有皮鳞茎较耐干燥,不必保湿贮藏;而无皮鳞茎贮藏时,必须保持适度湿润。

块茎类: 地下茎或地上茎膨大呈不规则实心块状或球状,上面具螺旋状排列的芽眼,无干膜质鳞叶。部分球根花卉可在块茎上方生小块茎,常用之繁殖,如马蹄莲等;而仙客来、大岩桐、球根秋海棠等,不分生小块茎;秋海棠地上茎叶腋处能产生小块茎,名零余子,可用于繁殖。

根茎类: 地下茎呈根状膨大,具分枝,横向生长,而在地下分布较浅。如大花美人蕉、鸢尾类和荷花等。

块根类: 由不定根经异常的次生生长,增生大量薄壁组织而形成,其中贮藏大量养分。块根不能萌生不定芽,繁殖时须带有能发芽的根颈部,如大丽花和花毛茛等。

此外,还有过渡类型,如晚香玉其地下膨大部分既有鳞茎部分,又有块茎部分。

二、根据栽培习性分

春植球根花卉: 通常春季栽植,夏秋季开花,冬季休眠,不耐寒。如唐菖蒲、美人蕉、大岩桐、大丽花、朱顶红、晚香玉等。原产地气候温和，周年温差较小，夏季雨量充足。

秋植球根花卉：通常秋冬季种植，来年春季开花，夏季休眠，比较耐寒而不耐夏日炎热。如水仙、郁金香、风信子、仙客来、马蹄莲、花毛茛、球根鸢尾等。原产地冬季温和多雨，夏季炎热干旱。

【园林应用】

球根花卉主要集中在百合科、石蒜科、鸢尾科，另外菊科、天南星科、美人蕉科、酢浆草科、秋海棠科、毛茛科等有少量球根花卉。球根花卉种类丰富，花色艳丽，花期较长，栽培容易，适应性强，是园林布置中比较理想的一类植物材料。荷兰的郁金香、风信子，日本的麝香百合，中国的中国水仙和百合等，在世界均享有盛誉。球根花卉常用于花坛、花境、岩石园、基础栽植、地被、美化水面(水生球根花卉)和点缀草坪等。也是重要的切花，每年有大量生产，如唐菖蒲、郁金香、小苍兰、百合、晚香玉等。还可盆栽，如仙客来、大岩桐、水仙、大丽花、朱顶红、球根秋海棠等。此外，部分球根花卉可提取香精、食用和药用等。因此，球根花卉的应用很值得重视，尤其中国原产的球根花卉，如王百合、鸢尾类、贝母类、石蒜类等，应有重点地加以发展和应用。

第四章 球根花卉

花毛茛（芹菜花、波斯毛茛、洋牡丹）
Ranunculus asiaticus　　　　毛茛科

花毛茛

欧洲银莲花

【形态特征】块根纺锤形。茎单生，或少数分枝，有毛。基生叶阔卵形，具长柄，茎生叶无柄，为二回三出羽状复叶。花单生或数朵顶生，萼片绿色，有重瓣、半重瓣，花色有白、粉、黄、红、紫等色。

【生态习性】喜凉爽及半荫环境，忌炎热。

【花期花语】4～5月。受欢迎。

【园林用途】建筑物北面、树下、草坪中丛植，切花，盆栽。

【种类识别】同科不同属种类——欧洲银莲花 *Anemone coronaria* 两者叶形极其相似，但花的形态和地下部区别明显。
1) 花毛茛 地下块根纺锤形，花萼绿色。
2) 欧洲银莲花（罂粟秋牡丹、法国白头翁）圆柱状根状茎，无花瓣，花萼花瓣状，白、红、粉、蓝紫等色。花大色艳，花形似罂粟花，看似被风吹开，有"风花"美称，是欧洲著名的春季花卉，以色列的国花。

球根海棠（茶花海棠、球根秋海棠）
Begonia tuberhybrida　　　　秋海棠科

球根海棠类

【形态特征】块茎为不规则的扁球形。茎直立，肉质，有毛。叶互生，为不规则心形。腋生聚伞花序，有单瓣、半重瓣和重瓣，有红、白、黄、粉、橙等色。品种丰富，分为大花类、多花类和垂花类三大品种类型。

【生态习性】喜温暖、湿润和半荫的环境。

【花期花语】春季。亲切、单相思。

【园林用途】花大而多，色彩艳丽，姿态优美，兼有茶花、牡丹、月季等名花的姿、色、香，为秋海棠之冠，著名盆栽花卉。室内观赏或布置花坛。

【种类识别】同属常见栽培种类：
1)丽格海棠*B. elatior* 由德国人将球根海棠与野生秋海棠杂交得到的新品系，叶片自茎出，心形，先端渐尖，边缘有锯齿，聚伞花序腋生，有小花20余朵，单瓣或重瓣。
2)四季秋海棠*B.semperflorens* 是多年生宿根花卉，有发达的须根，叶卵形，有绿、紫红、棕褐等色彩变化，花期非常长而著称（图见P57）。而球根海棠以叶大、花大、色艳而闻名。

丽格海棠

大丽花（大丽菊、地瓜花、大理花）
Dahlia pinnata　　　　　　　　　　　菊科

【形态特征】具有粗大锤状肉质块根。叶对生，一至三回羽状分裂，裂片卵形，锯齿粗钝。花长于梗顶，花形有菊形、莲形、芍药形、蟹爪形等，花色有红、黄、橙、紫、淡红和白色等。
【生态习性】喜阳光怕荫蔽，喜凉爽怕炎热，喜湿润怕渍水。
【花期花语】2～6月。大吉大利、华丽、感谢。
【园林用途】花坛、花境或庭前丛植，矮生品种可作盆栽。

蛇鞭菊（舌根菊、麒麟菊、猫尾花）
Liatris spicata　　　　　　　　　　　菊科

【形态特征】黑色块根，株高60～150cm。叶互生，条形，全缘，上部叶小。头状花序排列呈顶生密穗状，花穗长达15～30cm，花紫红色。
【生态习性】喜光稍耐荫，耐寒，喜湿地。生长粗放。
【花期花语】夏秋两季。吉祥、欢快、警惕、努力。
【园林用途】植株挺拔，花期长，最宜作花境背景，重要的线状切花材料。

第四章 球根花卉

仙客来（兔耳花、一品冠、萝卜海棠）
Cyclamen persicum

报春花科

【形态特征】 块茎球形。叶片由块茎顶部生出，心形、卵形或肾形，叶面绿色，具有白色或灰色晕斑，叶背绿色或暗红色，叶柄较长，红褐色，肉质。花单生于花茎顶部，花朵下垂，花瓣向上反卷；花有白、粉、玫红、大红、紫红、雪青等色，基部常具深红色斑。
【生态习性】 喜凉爽、湿润及阳光充足的环境。
【花期花语】 10月至翌年4月。喜迎贵客、好客。
【园林用途】 盆栽观赏。

大岩桐（六雪尼、落雪泥）
Sinningia speciosa

苦苣苔科

【形态特征】 块茎扁球形。地上茎极短，全株密被白色绒毛。叶对生，肥厚而大，卵圆形或长椭圆形，自叶间长出花梗。花顶生或腋生，花冠钟状，5~6浅裂，色彩丰富，有粉红、红、紫蓝、白、复色等色，大而美丽。
【生态习性】 喜温暖、潮湿，忌阳光直射。
【花期花语】 3~6月。高贵、大方、雍容、福气、欲望。
【园林用途】 盆栽观赏。

姜花（蝴蝶百合、穗花山奈、姜兰花）
Hedychium coronarium　　　　　　　　　　　　　姜科

【形态特征】地下茎块状横生而具芳香，形若姜。叶长椭圆状披针形，无柄，平行脉，叶面光滑，背面具长毛。顶生密穗状花序，有大型的苞片保护，每一花序着花10～15朵，花色有白、黄、红、橙等色。

【生态习性】喜光，耐半荫，不耐寒，喜温暖潮湿气候。

【花期花语】5～11月。信赖、高洁清雅、纯朴。

【园林用途】切花，丛植路旁、草坪、溪边、假山及水池旁。

美人蕉（红艳蕉、兰蕉）
Canna indica　　　　　　　　　　　　　　　　美人蕉科

【形态特征】根茎肥大。叶互生，宽大，长椭圆状披针形。总状花序自茎顶抽出，萼片淡绿色、宿存，花瓣3，萼片状，下部合成管并与花瓣状雄蕊基部合生；退化雄蕊4枚，花瓣状，是花中最美丽而显著的部分。花色有乳白、鲜黄、橙黄、橘红、粉红、大红、紫红、复色斑点等。

【生态习性】喜光、温暖、湿润、耐水湿。

【花期花语】3～12月花期不断。连招贵子、坚持到底。

【园林用途】花坛、花境、花丛、花台、盆花、水边绿化。

【种类识别】

1) 大花美人蕉(法国美人蕉) *C.generalis*　茎叶、花序均被白粉，叶大，阔椭圆形，小花大，色彩丰富，花萼、瓣化瓣直立不弯曲。是目前广泛栽培种类。

2) 紫叶美人蕉 *C.warscewiczii*　茎叶均紫褐色，被蜡质白粉。总苞褐色，花萼及花瓣均紫红色，瓣化瓣深紫红色，唇瓣鲜红色。

美人蕉

大花美人蕉

紫叶美人蕉

观赏葱
Allium fistulosum 　　　　百合科

【形态特征】具鳞茎。叶狭线形至中空的圆柱形。伞形花序，花小而多，球形或扁球形，着生花茎顶端，花色有白、粉红、紫、黄色。
【生态习性】喜光，耐半荫，喜凉爽，较耐寒，忌温热多雨。
【花期花语】3~8月。空灵。
【园林用途】花境、岩石旁或草坪中成丛点缀，重要的切花。
【种类识别】大花葱（硕葱）*A.giganteum* 植株高大，花序呈巨大球状。

大花葱　　大花葱
观赏葱　　观赏葱　　观赏葱

铃兰（草玉玲、君影草、鹿铃、小芦铃）
Convallaria majalis 　　　　百合科

【形态特征】根状茎多分枝而平展。从根茎先端的顶芽长出2~3枚卵形具弧状脉的叶片，基部抱有数枚鞘状叶。总状花序，着花6~10朵，花钟状，下垂，乳白色。
【生态习性】喜凉爽、湿润及散射光和半荫的环境，耐寒性强，忌炎热干燥。
【花期花语】5~6月。幸福降临、吉祥、好运。
【园林用途】落叶林下、林缘和林间空地及建筑物北面作地被，花坛和花境。

花贝母（皇冠贝母）
Fritillaria imperialis　　　　　　　　　　　　百合科

【形态特征】鳞茎大。茎直立，叶卵状披针形至披针形，全缘。株顶着花数朵，花冠钟形，下垂生于叶状苞片群下。花鲜红、橙黄、黄色。
【生态习性】耐荫、耐寒性强。喜排水良好的土壤。
【花期花语】5月。威严。
【园林用途】庭院种植，花境，基础种植，矮生品种适合盆栽。

嘉兰（变色兰）
Gloriosa superba　　　　　　　　　　　　百合科

【形态特征】根状茎横走。地上茎细柔，蔓生。叶无柄，互生、对生或3枚轮生，卵形至卵状披针形，先端渐细成尾状，顶端卷须状，借以卷缠它物而使茎向上生长。花单生或数朵着生于顶端组成疏散的伞房花序，花被片6，离生，条状披针形，向上反卷，边缘皱波状。
【生态习性】喜温暖、潮湿。
【花期花语】7~11月。荣耀、固执。
【园林用途】花期长，花大色艳，花容奇特，保鲜期长。在热带地区作棚架、亭柱、花廊、阳台等立体绿化，切花。

第四章 球根花卉

风信子（洋水仙、五色水仙）
Hyacinthus orientalis   百合科

【形态特征】鳞茎卵形，有膜质外皮。叶4~8枚，狭披针形，肉质，绿色有光泽。花茎肉质，略高于叶，总状花序顶生，花漏斗形，花色丰富，有重瓣、大花、早花和多倍体等品种。
【生态习性】喜冬季温暖湿润、夏季凉爽稍干燥、阳光充足或半荫的环境。
【花期花语】3~4月。竞赛、凝聚生命力、得意、永远怀念。
【园林用途】花坛，花境，切花，盆栽，水养观赏。
【种类识别】葡萄风信子*Muscari botryoides* 花小，坛状，整个花序犹如蓝紫色的葡萄串。

风信子与郁金香、花贝母组合应用

风信子

风信子

葡萄风信子

百合
Lilium spp.   百合科

【形态特征】鳞茎由肉质鳞片抱合成球形。茎直立不分枝。单叶互生，狭线形，无叶柄，叶脉平行。花着生于茎秆顶端，呈总状花序，簇生或单生，花冠较大，花筒长，呈漏斗形喇叭状，花色多样。
【生态习性】喜温暖、空气潮湿的环境。
【花期花语】5~10月。顺利、心想事成、百年好合、祝福、高贵。
【园林用途】专类园，疏林、空地片植或丛植，花坛中心或背景材料，切花，盆栽。
【种类识别】常见栽培的种有：
1) 卷丹*L. lancifolium* 花瓣向外翻卷，花色火红。
2) 毛百合*L. dauricum* 花橙红色或红色，有紫红色斑点，外轮花被片倒披针形，外被白色绵毛，内轮花被片稍窄。
3) 麝香百合（铁炮百合）*L. longiflorum* 花洁白，基部带绿色，形如喇叭，花筒较长，外形似炮筒，气味清甜芳香。

毛百合　　　　　百合　　　麝香百合
卷丹　　毛百合　　百合　　百合　　百合

虎眼万年青（鸟乳花、海葱）
Ornithogalum caudatum

百合科

【形态特征】鳞茎卵形。叶基生，线形，与茎等长，深绿色，有白色凹陷中肋。花数朵呈开展的伞形花序，花被分离，正面白色，背面绿色，有白色边缘。栽培种有橙色及重瓣者。

【生态习性】喜阳光，亦耐半荫，耐寒。

【花期花语】4~5月。生机勃勃、纯真。

【园林用途】自然式园林和岩石园，切花、盆栽观赏。

风信子　百合　虎眼万年青

第四章　球根花卉

郁金香（洋荷花、旱荷花）
Tulipa gesneriana

百合科

【形态特征】鳞茎扁圆锥形或扁卵圆形。茎叶光滑具白粉。叶出3~5片，长椭圆状披针形或卵状披针形。花单生，花型有杯型、碗型、卵型、球型、钟型、漏斗型、百合花型等，有单瓣也有重瓣。花色丰富，深浅不一，单色或复色。
【生态习性】喜向阳、避风，冬暖夏凉气候。
【花期花语】3~5月。（红）爱的告白，（黄）无望之恋，（白）逝去的爱情。
【园林用途】矮壮品种宜布置春季花坛，高茎品种适宜切花或配置花境，也可丛植于草坪边缘。中、矮品种适宜盆栽。

马蹄莲（慈菇花、观音莲）
Zantedeschia aethiopica

天南星科

【形态特征】具肥大肉质块茎。叶茎生，具长柄，叶卵状箭形，全缘，鲜绿色。花茎着生叶旁，高出叶丛，肉穗花序鲜黄色，包藏于佛焰苞内，佛焰苞体形大，开张呈马蹄形，佛炮苞呈白、粉、红、绿、淡黄、杂色等颜色。
【生态习性】性喜温暖湿润气候，不耐寒，不耐高温。
【花期花语】11月到翌年6月。博爱、圣洁虔诚、吉祥如意、事业有成。
【园林用途】在热带亚热带地区可布置花坛，树下片植。也可盆栽观赏，切花。

六出花（秘鲁百合）
Alstroemeria spp. 　　　　　　　　　　　　　　　　　石蒜科

- 【形态特征】根状茎肥厚，簇生，平卧。茎直立，不分枝。叶互生，披针形，呈螺旋状排列。伞形花序，花小而多，喇叭形，花橙黄色，内轮具红褐色条纹斑点。
- 【生态习性】喜温暖湿润和阳光充足环境。
- 【花期花语】6~8月。幸福、健康、吉祥。
- 【园林用途】极好的盆栽和切花材料。

文殊兰（文珠兰、水蕉、十八学士）
Crinum asiaticum 　　　　　　　　　　　　　　　　　石蒜科

- 【形态特征】具鳞茎。叶片宽大肥厚。花莛直立生出，高度约与叶片等长，花10~24朵呈伞形聚生于花莛顶端，每朵花有6片细长的花瓣，中间紫红，两侧粉红。
- 【生态习性】性喜温暖、湿润，略耐荫。
- 【花期花语】5~8月。坚韧不屈、贞洁。
- 【园林用途】点缀绿地或草坪，庭院装饰，房舍周边作绿篱，盆栽观赏。

第四章　球根花卉

网球花（绣球百合、网球石蒜）
Haemanthus multiflorus
　　　　　　　　　　　　　　　　　　　　　　　　　　　　　　石蒜科

【形态特征】鳞茎较大，呈扁球形。叶从鳞茎上方的短茎抽出，披针形，叶柄基部下延呈鞘状。花茎直立，先叶抽出，伞形花序顶生，花小，多达30~100朵，血红色。
【生态习性】喜温暖、湿润及半荫环境。
【花期花语】6~7月。庄严、纯洁、浪漫。
【园林用途】适合盆栽观赏、庭园点缀美化，亦可作切花。

朱顶红（朱顶兰、孤挺花、百枝莲）
Hippeastrum vittatum
　　　　　　　　　　　　　　　　　　　　　　　　　　　　　　石蒜科

【形态特征】鳞茎肥大，近球形。叶片两侧对生，带状，绿色，叶片多于花后生出。总花梗中空，被有白粉，顶端着花2~6朵，花喇叭形，花色有大红、玫红、橙红、淡红、白、蓝紫、绿、粉中带白、红中带黄等。
【生态习性】稍耐荫，喜温暖湿润气候。
【花期花语】8月至翌年4月。渴望被爱。
【园林用途】盆栽，花境，切花，花丛。
【种类识别】同属种类——白肋朱顶红 *H. reticulatum* 叶片与花茎同时或花后抽出。叶片中央有一条宽1cm左右的纵向白条纹，从叶基直至叶顶。花粉红色，嵌有红色条纹。

蜘蛛兰（美洲水鬼蕉、水鬼蕉）
Hymenocallis americana   石蒜科

【形态特征】具鳞茎。叶剑形，端锐尖，多直立。花葶扁平，花白色，无梗，呈伞状着生，花筒部长短不一，带绿色，花被片线状，一般比筒部短，副冠钟形或阔漏斗形，具齿牙缘。
【生态习性】喜光照、温暖湿润，不耐寒。
【花期花语】5~8月。天生丽质。
【园林用途】花境，丛植水边、林中空地，盆栽观赏。

红花石蒜（龙爪花、彼岸花）
Lycoris radiata   石蒜科

【形态特征】鳞茎近球形，外有紫褐色薄膜。叶基生，狭条形。花茎破土而出，伞形花序顶生，有花5~7朵，红色，花瓣反卷如龙爪。
【生态习性】喜荫，耐寒，喜湿润，也耐干旱，喜偏酸性土壤。
【花期花语】5~8月。优美、纯洁。
【园林用途】草地，林下或多年生混合花境中，也是极好的盆花和切花材料。
【种类识别】同属种类——忽地笑(黄花石蒜)*L. aurea* 花黄色或橙色。

红花石蒜

忽地笑

红花石蒜

第四章　球根花卉

水仙（中国水仙、凌波仙子、金盏银台）
Narcissus tazetta var. *chinensis*

石蒜科

水仙

玉玲珑

水仙盆景

玉玲珑

水仙和郁金香

黄水仙

玉玲珑

水仙

黄水仙

红口水仙

【形态特征】鳞茎卵圆形，似洋葱，外被棕褐色皮膜。叶狭长带状，二列状着生。花莛直立，扁筒形，中空，绿色，通常每球有花莛数支组成伞房花序，花被白色，6片，中间副花冠杯状，黄色。

【生态习性】喜冷凉气候。喜光照也较耐荫。

【花期花语】2~3月。敬意、纯洁、吉祥。

【园林用途】可散植在草地、树坛、景物边缘或布置花坛。室内水养。

【种类识别】中国水仙的变型——玉玲珑，花重瓣，花瓣皱褶，无杯状副花冠。同属常见栽培的种类还有：

1) 黄水仙（欧洲水仙）*N. pseudo-narcissus* 花茎略高于叶，花单生，花冠黄色，副花冠喇叭形，边缘呈不规则齿状皱褶。

2) 红口水仙 *N. poeticus* 花单生，花被白色，副花冠浅杯状，黄、白、红色，边缘波皱带红色。

晚香玉（夜来香、月下香）
Polianthes tuberosa

石蒜科

【形态特征】具鳞茎。叶基生，披针形，基部稍带红色。总状花序，具成对的花12~18朵，自下而上陆续开放，花白色，漏斗状，有芳香。

【生态习性】喜温暖且阳光充足之环境，不耐霜冻。

【花期花语】5~11月。危险的快乐、无瑕。

【园林用途】切花，盆栽，花境。

紫娇花（野蒜、非洲小百合）
Tulbaghia vielacea　　　　　　　　　　　　　　　　　石蒜科

【形态特征】圆柱形小鳞茎，株高30~50cm。植株丛生状，叶狭长线形，光滑，深绿色，茎叶均含有韭味。顶生聚伞花序，小花紫粉色，高出叶丛。
【生态习性】喜光，喜高温，也耐低温，不择土壤，耐瘠薄。
【花期花语】4~11月开花不断。娇艳。
【园林用途】花境，花带，林缘，水岸边坡，石景边缘，盆栽，切花。

火星花（火焰兰）
Crocosmia crocosmiflora　　　　　　　　　　　　　　　鸢尾科

【形态特征】球茎扁圆形似荸荠，株高约50cm。叶线状剑形，基部有叶鞘抱茎而生。复圆锥花序从葱绿的叶丛中抽出，花漏斗形，橙红色，园艺品种有红、橙、黄三色。
【生态习性】喜光，耐寒，在华东、华中地区能露地过冬。
【花期花语】6~8月。热情、热烈。
【园林用途】花境，花坛，切花。

第四章 球根花卉

番红花（西红花、藏红花）
Crocus sativus

鸢尾科

【形态特征】鳞茎扁球形，外被褐色膜质鳞叶。自鳞茎生出2~14株丛，每丛有叶2~13片，叶线形。花顶生，花被片6，倒卵圆形，淡紫色。

【生态习性】喜温暖、潮湿的气候和肥沃、疏松、排水良好的腐叶土。

【花期花语】10~11月。快乐。

【园林用途】点缀花坛和布置岩石园，盆栽或水养供室内观赏。

小苍兰（香雪兰、小菖兰、洋晚香玉）
Freesia refracta

鸢尾科

【形态特征】球茎长卵形。茎柔弱，有分枝。茎生叶二列状，短剑形。穗状花序顶生，花序轴斜生，稍有扭曲，花漏斗状，偏生一侧。花色有鲜黄、洁白、橙红、粉红、雪青、紫、大红等。

【生态习性】喜光，但忌强光和高温，喜温暖湿润气候。

【花期花语】3~5月。纯洁、无邪。

【园林用途】庭院中栽植、花坛或自然片植（温暖地区），盆栽或切花。

唐菖蒲（菖兰、剑兰、扁竹莲、十样锦）
Gladiolus hybridus

鸢尾科

【形态特征】扁圆形球茎。茎粗壮直立。叶硬质剑形，7~8片叶嵌叠状排列。花茎高出叶上，穗状花序着花12~24朵排成二列，侧向一边，花冠筒呈膨大的漏斗形，稍向上弯，花色有红、黄、白、紫、蓝等深浅不同或具复色。

【生态习性】喜光性长日照植物，忌寒冻。

【花期花语】5~8月。信仰者的幸福、喜庆、大吉大利。

【园林用途】切花，盆栽，花坛。

第五章 水生花卉

【定义与类型】

水生花卉主要包括生长于水体中、沼泽地、湿地中，具有较高观赏价值的花卉。通常分为四大类，其中挺水及浮水花卉是园林水体景观中主要的观赏类型。

挺水花卉：如荷花、香蒲、千屈菜、菖蒲、水葱、水生鸢尾、再力花等，根系生于泥中，茎叶挺出水面之上。

浮水花卉：如睡莲、王莲、萍蓬草、荇菜等，根生于泥中，叶漂浮于水面上。

漂浮花卉：如浮萍、凤眼莲、满江红等，根生于水中，植物体漂浮水面之上。

沉水花卉：如金鱼藻、苦草、眼子菜等，根扎于泥中，茎叶沉于水中。

【形态特征】

水生植物赖水而生，与陆生植物比较，其形态特征、生长习性及生理机能等方面两者都有明显的差异。这些差异主要表现在：

具有发达的通气组织和排水系统。如处于生长阶段的荷花、睡莲、王莲、萍蓬草等，表现特别明显。

机械组织退化。因叶及叶柄一部分在水中，不需要坚硬的机械组织来支撑个体；因器官和组织的含水量较高，故叶柄的木质化程度较低，植株体比较柔软，而水上部分的抗风力也差。

根系不发达。因直接与水接触或在湿土中生活，吸收矿物质营养及水分比较省力，导致其根系缺乏根毛，并逐渐退化。

营养器官表现明显差异。有些水生植物的根系、叶柄和叶片等营养器官，为了适应不同的生态环境，在其形态结构上表现出不同的差异。如荷花的浮叶和立叶，菱的水中根和泥中根等，它们的形态结构均产生明显的差异。

花粉传授存在变异。由于水体环境的特殊性，某些水生植物种类（如沉水植物）为了满足传授花粉的需要，则产生了特有的适应性变异，如苦草，为雌雄异株，雄花的佛焰苞长6mm，而雌花的佛焰苞长12mm。

营养繁殖能力强。如荷花、睡莲、鸢尾、花叶芦苇等利用地下茎、根茎、球茎进行繁殖；金鱼藻、黑藻等进行分枝繁殖，当

第五章 水生花卉

分枝断掉后，每个断掉的小分枝，又可长出新的个体；黄花蔺、泽泻除根茎可繁殖外，还能利用茎节长出的新根进行繁殖；苦草在沉入水底越冬时就形成冬芽，翌年春季，冬芽又萌发成新的植株；红树林植物的胎生繁殖现象惊人，当种子在果实里还没离开母体时，就开始萌发了，长成绿色棒状胚轴挂在母树上，发育到一定程度就脱离母体，借助胚轴的重量坠落而插入泥中，数小时后可迅速扎根长出新的植株。水生植物繁殖快且多，这对保持种质特性，防止品种退化以及杂种分离都有利。

种子幼苗始终保持湿润。因水生植物长期生活在水环境中，与陆地植物种子比较，其繁殖材料如种子（除莲子等少数者）及幼苗，无论是处于休眠阶段（特别是睡莲、王莲等种子），还是进入萌芽生长期，都不耐干燥，必须始终保持湿润，若受干则会失去发芽力。

【生态习性】

大多数水生花卉喜光照充足、通风良好的环境，如荷花、睡莲、千屈菜。也有喜半荫的，如莼菜、泽泻。水生花卉对水深要求不同，挺水和浮水花卉一般要求80cm左右水深，近沼生习性的花卉在20~30cm，湿生花卉则只适宜种在岸边潮湿地。

【园林应用】

水生花卉是园林水体边及水中造景的重要材料，常栽于湖岸、水体中作主景或配景，可营造花卉专类园——水景园、水族箱、湿地园，或采用盆栽、缸栽等应用形式。另外，如睡莲、荷花等水生花卉还可以作切花。

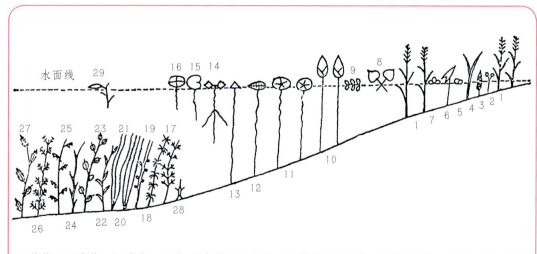

1.芦苇 2.花蔺 3.香蒲 4.菰 5.青萍 6.慈姑 7.紫萍 8.水鳖 9.槐叶萍 10.莲 11.芡实 12.两栖蓼 13.荼菱 14.菱 15.睡莲 16.荇菜 17.金鱼藻 18.黑藻 19.小茨藻 20.苦草 21.苦草 22.竹叶眼子菜 23.光叶眼子菜 24.龙须眼子菜 25.菹草 26.狐尾藻 27.大茨藻 28.五针金鱼藻 29.眼子菜

（摘自颜素珠《中国水生高等植物图说》）

水生高等植物生态群落示意

驴蹄草（驴蹄菜、立金花）
Caltha palustris

毛茛科

【形态特征】多年生草本，株高20~40cm。茎直立，稀不分枝。基生叶3~7，草质，有长柄；叶片圆形、肾形，先端圆，基部深心形，边缘密生小牙齿；茎生叶较小，具短柄或无柄。聚伞花序生于茎或分枝顶端，通常有2朵花，萼片5，花瓣状，倒卵形或狭倒卵形，黄色。

【生态习性】耐荫湿，耐寒，耐热。

【花期花语】5~9月。爱心。

【园林用途】最具观赏价值的水缘植物，水景园，岩石园，地被。

【种类识别】叶形和体量相似的易混淆种类——马蹄金*Dichondra repens* 旋花科草本，茎细长，节节生根。叶圆形或肾形，背面密被贴生丁字形毛，全缘。花冠钟状黄色。详见P180地被植物中介绍。

芡实（鸡头米、假莲藕）
Euryale ferox

睡莲科

【形态特征】一年生浮水草本。根状茎粗壮，叶从短缩茎上抽出，初生叶沉水，箭形，两面刺，后生浮水叶，椭圆肾形至圆状，叶面绿色，皱缩，光亮，背面紫红色，网状叶脉隆起。花单生叶腋，萼片4，宿存，花瓣多数，蓝紫色，形似睡莲。浆果球形。园艺品种有花紫红色的北芡（刺芡）和花白色或紫色的南芡（苏芡）。

【生态习性】喜光，喜温暖，多生于池沼湖塘浅水中。

【花期花语】5~9月。

【园林用途】叶大皱褶，花艳形奇，孤植形似王莲，形成独具一格的观赏效果。在中国式园林中，与荷花、睡莲、香蒲等配植水景。

第五章 水生花卉

荷花（莲花、水芙蓉）
Nelumbo nucifera

睡莲科

【形态特征】 多年生挺水植物。根茎（即藕）肥大多节,横生泥中。叶自茎节处抽出,挺出水面,叶盾状圆形,表面深绿色,被蜡质白粉,背面灰绿色,全缘并呈波状,叶柄圆柱形,密生短刺。花单生花梗顶端,有单瓣、复瓣、重瓣及重台等花型,花色有白、粉、深红、淡紫或间色。果（即莲蓬）熟期9～10月。栽培品种依用途分为藕莲、子莲和花莲三大系统。

【生态习性】 喜光,喜湿,忌干,喜肥。

【花期花语】 6～9月,晨开暮闭。清白、高尚而谦虚,"出淤泥而不染,濯清涟而不妖",坚贞纯洁。中国的十大名花之一,印度国花,佛教神圣净洁的象征。

【园林用途】 广植湖泊或缸栽、盆栽观赏、插花、专类园。

萍蓬草（萍蓬莲、黄金莲）
Nuphar pumilum

睡莲科

【形态特征】 多年生浮叶草本。根茎块状,横卧。叶二型,浮水叶纸质或革质,圆形至卵形,全缘,基部开裂呈深心形,叶面亮绿,叶背隆凸,有柔毛,沉水叶薄而柔软。花单生,伸出水面,花蕾球形,绿色,萼片5枚,花瓣状,金黄色,花瓣多,黄色,短而窄,花心红色。

【生态习性】 喜温暖、湿润、阳光充足的环境;耐低温;适宜在水深30～60cm,最深不宜超过1m。

【花期花语】 5～9月。崇高、跟随你。

【园林用途】 夏日挺出水面的金黄色小花及亮绿心形叶,别具一格。与睡莲、莲花、荇菜、香蒲、黄花鸢尾等植物配植,或盆栽于庭院、建筑物、假山石前,或在居室前向阳处摆放。

睡莲（子午莲）
Nymphaea tetragona　　　　　　　　　　　　睡莲科

【形态特征】多年生浮叶植物。根状茎粗短，叶丛生，浮于水面，纸质或革质，近圆形或卵状椭圆形，全缘，无毛，叶面浓绿，背面暗紫色。花单生于细长的花柄顶端，有深红、粉红、白、紫红、淡紫、蓝、黄、淡黄等色。午后（午时）开放，夜晚（子时）闭合，故名子午莲，每花开2～5天。

【生态习性】喜强光、通风良好、水质清洁的平静水面。

【花期花语】5～9月。清纯、纯真、妖艳、"水中女神"。泰国、埃及的国花。

【园林用途】水域美化或作盆栽、切花。

王莲
Victoria amazornica　　　　　　　　　　　　睡莲科

【形态特征】多年生或一年生大型浮叶草本。茎短、直立，须根发达。叶浮于水面，圆盘形，叶面光滑，边缘直立，叶径达2m。叶面光滑，绿色略带微红，有皱褶，背面紫红色，叶背与叶柄上密被坚硬的刺。花单生，花萼4，背面多粗刺，花瓣长圆状披针形。初开花时花蕾伸出水面，白色，翌日呈粉红色，花瓣反卷，第三天呈红色，沉入水中。

【生态习性】喜高温高湿、光照充足、水面清洁的环境；耐寒性差；喜肥。

【花期花语】7～9月。"水生花卉之王"，"水中玉米"。

【园林用途】叶奇花大，可承载重数十千克重物，漂浮水面，十分稀奇壮观，娇容多变的花色和浓厚的香味闻名于世。公园、植物园等较大水面的美化布置或温室引种栽培。

第五章　水生花卉

水蓼（水辣蓼）
Polygonum hydropiper　　　　　　　　　　　　　　　　　蓼科

【形态特征】一年生直立草本，高20～80cm。茎红紫色，节常膨大，叶互生，椭圆状披针形。穗状花序腋生或顶生，细弱下垂，花白色或淡红色。
【生态习性】耐荫、耐水湿。
【花期花语】7～8月。
【园林用途】水边、湿地绿化，林下地被。

空心莲子草（革命草、水花生）
Alternanthera philoxeroides　　　　　　　　　　　　　　苋科

【形态特征】多年生宿根挺水草本。茎基部匍匐、上部伸展，中空，有分枝，节腋处疏生细柔毛。叶对生，倒卵状披针形，有芒尖，基部渐狭，表面有贴生毛，边缘有睫毛。头状花序单生叶腋，5片花被，白色。
【生态习性】喜湿；生在池塘、沟渠、河滩湿地或浅水中，蔓延很快，属于生物入侵种。
【花期花语】5～11月。
【园林用途】水面绿化。

千屈菜（水柳）
Lythrum salicaria　　　　　　　　　　　　　　　　　千屈菜科

【形态特征】 多年生挺水草本。茎直立，四棱形。叶对生或3枚轮生，无柄，狭披针形。长穗状花序顶生，多而小的花朵密生于叶状苞腋中，花瓣6，花玫瑰红或蓝紫色。
【生态习性】 喜水湿；喜阳光充足，黏质肥沃土壤。
【花期花语】 6～9月。孤独。
【园林用途】 水边丛植或水池栽植，花境、切花。

狐尾藻
Myriophyllum verticillatum　　　　　　　　　　　　小二仙草科

【形态特征】 多年生沉水草本。茎圆而细，多分枝。叶通常4～6片轮生，叶片羽状深裂，如丝。穗状花序，顶生，苞片长圆或卵形，花两性或单性，雌雄同株，花瓣4片，近匙形。果实小，卵圆状壶形，有4条纵裂纹。
【生态习性】 大多数生于池沼或静水中。
【花期花语】 夏末初秋开花。
【园林用途】 水面绿化。

第五章 水生花卉

香菇草（铜钱草、普通天胡荽）　　　　　　　　　　　伞形科
Hydrocotyle vulgaris

【形态特征】 多年生挺水或湿生草本，具有蔓生性，高5～15cm。节上常生根，茎顶端呈褐色，叶互生，具长柄，圆盾形，缘波状，草绿色，叶脉15～20条放射状。伞形花序，小花白色。
【生态习性】 喜光，喜温暖；忌寒冷。
【花期花语】 6～8月。顽强、坚韧。
【园林用途】 水体岸边丛植、片植、水盘、水族箱、水池、湿地、盆栽。
【种类识别】 叶同样盾状着生的不同科植物——镜面草（镜面掌）*Pilea peperomioides* 荨麻科多年生植物，叶肉质，全缘，叶柄长短不一，向四周伸展，常盆栽作室内观叶花卉。

香菇草

镜面掌

香菇草

香菇草

荇菜　　　　　　　　　　　　　　　　　　　　　　　龙胆科
Nymphoides peltatum

【形态特征】 多年生漂浮草本。枝二型，长枝匍匐于水底，短枝从长枝的节处长出。叶卵形，基部深裂成心形。伞形花序生于叶腋，花大而明显，花冠黄色，5深裂，裂片边缘成须状，花冠裂片中间有一明显的皱痕，裂片口两侧有毛。
【生态习性】 喜光，耐寒；喜肥沃的土壤，宜浅水或不流动的水池。
【花期花语】 5～8月。柔情、恩惠。
【园林用途】 盛夏叶色翠绿，挺出水面，黄色，别具风格。水面绿化。

水罂粟（水金英）
Hydrocleys nymphoides

花蔺科

【形态特征】 多年生浮叶草本，株高5cm。叶簇生于茎上，叶片呈卵形至近圆形，具长柄，基部心形，全缘。伞形花序，小花花瓣3，罂粟状，黄色。
【生态习性】 喜光；喜温暖，不耐寒。
【花期花语】 6～9月。
【园林用途】 花坛、花境背景、篱垣、路旁点缀，切花，盆栽。
【种类识别】 池塘边缘浅水处，盆栽。

野慈姑（剪刀草）
Sagittaria trifolia

泽泻科

【形态特征】 多年生挺水草本。叶基生，具长柄，叶柄粗而有棱，叶箭形，叶形变化大。总状花序顶生，白色。
【生态习性】 喜光，喜温暖环境，生浅水中。
【花期花语】 5～10月。口齿伶俐。
【园林用途】 湖泊、池塘、沼泽、沟渠、水田等浅水域或水边，盆栽。
【种类识别】 慈姑（华夏慈姑）var. *sinensis* 植株高大粗壮，叶片宽大肥厚，圆锥花序高大，长20～80cm或以上。

慈姑

野慈姑

103

第五章　水生花卉

水生美人蕉（花叶美人蕉）
Canna glauca

美人蕉科

【形态特征】多年生宿根草本，矮生，株高50～80cm。具根状块茎，叶阔椭圆形，互生，有明显的中脉和羽状侧脉，镶嵌着土黄、奶黄、绿黄诸色。顶生总状花序，被蜡质白粉，较陆生美人蕉的花略小，退化雄蕊花瓣状，其中1枚反卷为唇瓣，花红、黄、粉等色。

【生态习性】喜光，喜温湿，不耐寒，怕强风。

【花期花语】7～10月。高贵。

【园林用途】潮湿地、浅水中、水池栽培，花径，盆栽。

再力花（水竹芋）
Thalia dealbata

竹芋科

【形态特征】多年生挺水草本，株高2m。全株附有白粉，叶卵状披针形，浅灰蓝色，边缘紫色，长50cm，宽25cm。叶柄极长。复总状花序，花小，紫堇色。苞片状如飞鸟。

【生态习性】不耐寒，在微碱性的土壤中生长良好。

【花期花语】夏秋季。清新可人。

【园林用途】株型美观洒脱，花紫色有趣。水景绿化、湿地景观中背景、盆栽观赏。

【种类识别】与水生美人蕉的株型和叶形都相似，再力花丛生状，叶柄极长，而美人蕉茎直立，叶柄很短。

凤眼莲（水葫芦）
Eichhornia crassipes　　　　　　　　　　　　　　　　　　雨久花科

【形态特征】多年生漂浮草本。叶基生，光滑碧绿，叶柄中下部有膨胀如葫芦状的气囊，基部具削状苞片，悬浮于水面生长。穗状花序，花为紫蓝色，呈多棱喇叭状，花瓣中心生有一明显的鲜黄色斑点，形似凤眼，故得名。
【生态习性】喜光；喜高温湿润；喜肥，好群生，繁殖能力很强，属于生物入侵种。
【花期花语】7～10月。对感情、对生活的追求至死不渝。
【园林用途】装饰湖面、河、沟的良好水生花卉，净化含铅、汞等重金属的污水水体和废水。

梭鱼草
Pontederia cordata　　　　　　　　　　　　　　　　　　雨久花科

【形态特征】多年生挺水草本。高80～150cm，全株光滑无毛。叶倒卵状披针形，深绿色，光滑。穗状花序顶生，长5～20cm，小花密集在200朵以上，蓝紫色，带黄斑点，花葶直立，通常高出叶面。
【生态习性】喜光，喜肥，喜湿，怕风不耐寒；常长在池塘、湖泊近岸的浅水处。
【花期花语】5～10月。自由。
【园林用途】池边点缀、盆栽。

第五章 水生花卉

菖蒲（水菖蒲）
Acorus calamus   天南星科

【形态特征】 多年生挺水草本。根状茎横走，粗壮，稍扁，有香气。叶基生，剑状线形，长50～120cm，中部宽1～3cm，叶基部成鞘状，对折抱茎，中肋明显，两侧均隆起，叶基部有膜质叶鞘。叶状佛焰苞长20～40cm，圆柱形肉穗花序直立或斜向上生长，圆柱形，黄绿色。
【生态习性】 喜生于沼泽、溪谷或浅水中，耐寒性差。
【花期花语】 6～9月。信仰者的幸福、信赖。
【园林用途】 溪岸边、水面、湿地，盆栽，叶、花序可以作插花材料。
【种类识别】 同属相似种——石菖蒲 *A. gramineus* 与菖蒲相比，株丛密集，植株较小，叶窄短，无中脉，花期2～5月。常用作林下阴湿地环境的地被植物，或溪边池旁，石隙间。石菖蒲的变种金钱蒲 var.*pusillus*，有金边和银边两种叶，植株更矮小，高10～15cm，叶宽2～3mm，花期5～8月。是一种观赏价值高的彩叶地被。

石菖蒲

石菖蒲

菖蒲

菖蒲

银边金钱蒲

紫芋
Colocasia tonoimo   天南星科

【形态特征】 多年生草本，高达1.2m。地下有球茎，叶片盾状着生，卵状箭形，叶柄及叶脉紫黑色。佛焰苞花序。
【生态习性】 喜光、稍耐荫、喜高温，耐湿，基部浸水也能生长。
【花期花语】 7～9月。清秀。
【园林用途】 叶片巨大，叶柄紫色，非常醒目。水边观叶、盆栽。
【种类识别】 同科不同属植物——水芋 *Calla palustris* 多年生宿根水生草本。叶心形，佛焰苞白色，浆果鲜红成串。花叶整洁清秀，给人神圣的感觉，常生长在塘边淤泥或浅水及水道中。

水芋

紫芋

紫芋

大藻（水白菜、水莲花）

Pistia stratiotes　　　　　　　　　　　　　　　　天南星科

【形态特征】多年生浮水草本。具匍匐茎，叶基生，呈莲座状簇生，无柄，漂浮水上，叶脉明显，使叶成折扇状。肉穗花序腋生，佛焰苞小，淡绿色。
【生态习性】喜高温、高湿，不耐寒。华东及华南地区生长良好，繁殖迅速，属于外来入侵种。
【花期花语】6～7月。
【园林用途】叶色翠绿，叶形奇特，宜河流、池塘、水渠等水质肥沃的静水或缓流水面中，或缸养观赏。

大藻与扶桑花缸养装饰

香蒲（水烛）

Typha orientalis　　　　　　　　　　　　　　　　香蒲科

【形态特征】多年生宿根挺水沼泽草本。根状茎白色，长而横生。茎圆柱形，直立，质硬而中实。叶扁平带状，长达1m多，光滑无毛，基部呈长鞘抱茎。花单性，肉穗状花序顶生圆柱状，似蜡烛，花小灰褐色。
【生态习性】喜温暖、光照充足的环境；管理粗放。
【花期花语】5～7月。和平、幸运。
【园林用途】点缀园林水池、湖畔、花境、盆栽。
【种类识别】香蒲与菖蒲区别点是：香蒲的肉穗状花序灰褐色，生于植株中上部；叶细长，无中肋；菖蒲有明显的叶状佛焰苞，肉穗花序黄绿色，生于植株基部；叶稍宽，有中肋。

左为香蒲叶，右为菖蒲叶

第五章　水生花卉

花菖蒲（玉蝉花、日本鸢尾）
Iris ensata

鸢尾科

【形态特征】多年生宿根挺水草本。根状茎短而粗，须根多而细。叶基生，线形，直立，中肋明显，两侧脉较平整。花茎常略高于叶丛，着花两朵，花大，直径可达15cm以上，旗瓣短于垂瓣，有黄色、鲜红色、蓝色、紫色等，并具蓝色、灰色、黑色等斑点和条纹。

【生态习性】喜光；喜湿；耐寒。

【花期花语】5~7月。爱的音讯。

【园林用途】宜植于阴湿的林缘、溪边、河畔、水池边、花坛、花境、切花。

【种类识别】同属种类——黄菖蒲（水生鸢尾）*I. pseudacorus*　基生叶宽剑形，灰绿色，叶中肋明显，并具横向网状脉（在没有开花时，可凭这作为与菖蒲的识别点）。花茎常低于叶丛，花径10cm，花黄色。

黄菖蒲

花菖蒲

花菖蒲

伞草（旱伞草、风车草）
Cyperus alternifolius

莎草科

【形态特征】多年生挺水植物，高40~160cm。地下具短粗根状茎，茎秆丛生，枝棱形，无分枝。叶退化成鞘状，为棕色，叶状苞片披针形，具平行脉，20枚左右，呈螺旋状排列在径秆的顶端，向四面辐射开展，扩散呈伞状。花序穗状扁平形，多数聚集成大型复伞形花序，花白色或黄褐色。

【生态习性】喜温暖、湿润的环境，耐半荫。

【花期花语】6~7月。

【园林用途】配置于溪流岸边、假山石的缝隙作点缀，盆栽、盆景、水培或作插花材料。

【种类识别】同属相似种类——细叶莎草 *C. prolifer*　多年生草本，叶细，聚生于茎顶。

伞草

细叶莎草

伞草

水葱（冲天草、管子草）
Scirpus validus　　莎草科

【形态特征】多年生宿根挺水草本，株高1~2m。秆呈圆柱状，中空，基部有3~4个膜质管状叶鞘，鞘长可达40cm，最上面的一个叶鞘具叶片，叶片线形长2~11cm。顶生聚伞花序，淡黄褐。有茎秆上具黄色环状条斑的花叶变种。
【生态习性】喜温暖潮湿的环境，较耐寒，浅水区中。
【花期花语】6~8月。整洁。
【园林用途】茎秆挺拔翠绿，宜作水景的背景材料，富有野趣。茎秆作切花中的线状花材。
【种类识别】灯心草*Juncus effusus* 灯心草科，圆柱形，表面白色或淡黄白色，有细纵纹，易拉断，断面白色。做凉席的材料。

灯心草

灯心草

水葱

水葱

芦竹（芦荻）
Arundo donax　　禾本科

【形态特征】多年生草本，高1~3m。秆直立，有节，似竹，单叶互生，披针形，先端渐尖，基部具鞘，抱茎，绿色。圆锥花序大型，长30~60cm，小穗常含2~4朵小花，紫色，花序似毛帚。
【生态习性】喜光、喜温，较耐寒，耐湿，不耐旱。常生于河旁、池沼、湖边。
【花期花语】花果期9~12月。野趣。
【园林用途】水边绿化，盆栽，花序作切花。
【种类识别】花叶芦竹var. *versicolor*，叶有黄色或白色纵条纹。

花叶芦竹

花叶芦竹

芦竹

芦竹

第五章 水生花卉

芦苇
Phragmites communis

禾本科

【形态特征】多年生湿生草本，高1~3m。匍匐根状茎长而粗，茎秆直立，中空，叶鞘圆筒形，叶片长披针形，排列成两行。圆锥花序分枝稠密，向斜伸展，花序长。

【生态习性】适应性广、抗逆性强、再生能力强。低湿地或浅水中。

【花期花语】8~12月。相思、野趣、平凡、顽强、自由，"芦苇荡"。

【园林用途】公园水边，随风而荡，别有一番意境。

第六章 兰科花卉

【定义】

兰科（Orchidaceae）是有花植物中最大的科之一，兰花是兰科花卉的统称。兰花属于单子叶植物，为多年生草本植物，附生、地生或腐生。兰花的根常肉质、肥厚而粗大。其茎的形态变化较大，通常分为直立茎、根状茎和假鳞茎等3类。其叶形、叶质、叶色都有广泛的变化。花为两侧对称，具有美丽的色彩或香味；花被片6，均花瓣状；外轮3枚为萼片，有中萼片与侧萼片之分；内轮3枚为花瓣，1枚花瓣特化为唇瓣；雄蕊与花柱(包括柱头)完全愈合而成一柱状体，称为蕊柱，这是兰科花卉典型的形态识别特点。兰科植物凭借这种特殊构造的花，十分巧妙地适应于昆虫传粉，但也有部分种类是自花传粉的。

兰花花的各部位名称

【分类】

一、按兰花的生长方式分

地生兰：指原产于从寒带至热带广大地区，根系生长在混杂落叶、腐殖土和沙石的土壤中的种类，如春兰、建兰、寒兰等。

附生兰：指原产于热带地区，附着于树干、岩石等地上生长，根系的大部分或者全部裸露在空气中的种类，如石斛兰、卡特兰、万代兰等。

第六章　兰科花卉

腐生兰：指生存于腐烂的植物体上，其叶片退化为鳞片状或鞘状，且非绿色的种类，如天麻、宽距兰等。

二、按兰花的原产地分

中国兰：通常指兰属植物中一部分地生种类，它们大多原产中国。其叶色翠绿，叶姿优雅，花色素雅，香气淡雅，如墨兰、建兰、春兰、蕙兰、寒兰等。

洋兰：又称热带兰花，是相对于中国兰而言的，主要指花色鲜艳的附生类兰花，也包括少数的地生类兰花，它们大多原产于热带雨林。其花形奇特，花大色艳或花繁锦簇，如卡特兰、兜兰、石斛等。

【园林应用】

兰花是中国十大传统名花之一，是高雅、美丽而又带有神秘色彩的植物，象征不畏强暴、矢志不渝的民族性格。兰花文化源远流长，在我国古代，常以君子、雅士、幽人等来称颂兰花。兰花之美，美在神韵，素有"空谷幽香"，"国香"，"天下第一香"，"竹有节而无花，梅有花而无叶，松有叶而无香，惟兰花独并有之"等美誉。

由于兰科花卉种类繁多，形态、色彩、质感等多样，很适合用于营造专类园，如广州的兰圃等。在专类园或兰苑中，名贵的中国兰花多以盆栽的形式栽植于兰棚下供游人观赏；普通的种类则可以以丛植、片植等形式与其他造园要素，如山石、水体一起，配置于庭园蔽荫处，以其浓绿的叶色，柔美的叶姿，悠远的香气，营造清幽、恬静的氛围。在现代园林中，洋兰主要用作盆栽或切花，可把其附生于树蕨块上作壁挂，或作吊盆，悬垂观赏；也可模拟其原生环境，将其绑缚于树木茎干、枯树木桩上作造型，以其奇特的花形，绚丽的花色，优雅的花姿，营造喜庆、热烈的氛围。

卡特兰（卡特利亚兰）
Cattleya spp.

卡特兰属

【形态特征】附生兰类，假鳞茎棍棒状或圆柱形。假鳞茎顶部生叶1～2片，长椭圆形，厚革质，淡绿色。花单朵或数朵生于假鳞茎顶端，大型，粉红色；唇瓣通常具有艳丽的色彩。

【生态习性】喜充足的散射光，喜高温多湿气候。

【花期花语】大多数春秋开花。敬爱、仰慕。

【园林用途】盆栽，吊盆，切花。

春兰（山兰、草兰）
Cymbidium goeringii

兰属

墨兰

墨兰

【形态特征】地生兰类，假鳞茎球形，较小，株高30~60cm。叶4~6片丛生，狭带形，叶脉明显，叶缘有细齿。花葶直立，低于叶丛；花单生，少数两朵，淡黄绿色，有香气。花期2~3月。具有很多名贵的品种。

【生态习性】喜凉爽湿润，较耐寒，忌酷热和干燥，喜微酸性土壤。中国特产，主要分布于陕西、甘肃至华东、华南和西南各省区。

【园林用途】盆栽于室内观赏，点缀假山石。

【种类识别】同属常见栽培的还有：
1)建兰（四季兰、秋兰）*C. ensifolium* 假鳞茎椭圆形，较小。叶2~6片丛生，阔线形。花葶低于叶丛，小花5~7朵，浅黄绿色，有紫色条纹，浓香。花期7~10月。
2)寒兰 *C. kanran* 假鳞茎不显著，全株直立性强。叶3~7片丛生，剑形，深绿色有光泽。花葶等高或略高出叶丛，小花5~10朵；花紫褐色，淡香。花期11月至翌年1月。
3)蕙兰（夏兰、九子兰）*C. faberi* 假鳞茎卵形，全株直立性强。叶5~7片，线形，比春兰叶长而宽。花茎直立，总状花序着花5~13朵，浅黄绿色。花期4~5月。比较耐寒。
4)墨兰（报岁兰）*C. sinense* 假鳞茎椭圆形，根长而粗壮。叶4~5片，剑形。花葶高出叶丛，小花5~17朵，花瓣短宽，唇瓣黄绿色带紫斑，芳香。花期12月至翌年1月。

春兰

寒兰

寒兰

寒兰

春兰

蕙兰

蕙兰

建兰

建兰

大花蕙兰
Cymbidium hybrida

兰属

【形态特征】附生兰类，假鳞茎粗壮。叶6～8片丛生，带形，基部关节明显，相对抱合。总状花序，花葶直立，具花8～16朵；花大型，花色多样。
【生态习性】喜温暖、湿润和半荫的环境，稍耐寒。
【花期花语】冬末春初。丰盛、吉祥，"洋兰之王"。
【园林用途】盆栽，切花。

大花蕙兰

垂吊型大花蕙兰

石斛兰（石斛、吊兰花）
Dendrobium spp.

石斛属

【形态特征】附生兰类。茎丛生，直立，上部稍扁，具节。叶互生，长椭圆形，近革质。总状花序，小花大，唇瓣宽卵状矩圆形，粉红色。
【生态习性】3～6月。坚强、刚毅、欢迎、祝福，父亲节的主要用花。
【花期花语】冬末春初。丰盛、吉祥，"洋兰之王"。
【园林用途】盆栽，吊盆，专类园，切花。

第六章 兰科花卉

文心兰（舞女兰、瘤瓣兰）
Oncidium spp.

文心兰属

【形态特征】附生兰类，假鳞茎扁卵圆形，绿色。顶生1~3片叶，扇状互生，椭圆披针形。总状花序从假鳞茎中抽出；唇瓣宽大，犹如翩翩起舞少女的裙摆；有黄、白、褐红等色。
【生态习性】喜高温至温暖、湿润和半荫的环境。
【花期花语】7~8月。隐藏的爱、流泪的心、青春永驻。
【园林用途】盆栽，专类园，切花。

兜兰（拖鞋兰）
Paphiopedilum spp.

兜兰属

【形态特征】地生或附生兰类，无假鳞茎。叶基生，表面有沟，革质。花莛上单生一朵花，蜡质，多色；唇瓣呈兜状，萼片发达。
【生态习性】喜高温至温暖、湿润和半荫的环境，忌阳光暴晒，较为耐寒。
【花期花语】9月到翌年2月。步步高升。
【园林用途】盆栽，切花。

蝴蝶兰（蝶兰）
Phalaenopsis spp.

蝴蝶兰属

【形态特征】附生兰类，根扁平带状，茎极短。叶丛生，倒卵状长圆形，顶端浑圆，深绿色，基部有紫斑。花莛向上呈弓形，花大，多色；唇瓣3裂，具爪，中裂片先端具2条内弯的龙须状裂片。
【生态习性】喜高温多湿和通风良好的环境，较耐高温，耐半荫。
【花期花语】3~4月。天长地久、富贵吉祥、飞来幸福、纯洁、喜悦。
【园林用途】盆栽，专类园，切花。

鹤顶兰
Phaius spp.

鹤顶兰属

【形态特征】地生兰类,圆锥形的假鳞茎,具鞘。叶互生,卵状披针形,具折扇状脉,全缘。总状花序,小花较大;花瓣背面白色,内面暗红色。
【生态习性】喜高温湿润和半荫的环境,不耐寒。
【花期花语】3~6月。仰慕、理想。
【园林用途】盆栽观赏。

万带兰(万代兰)
Vanda spp.

万带兰属

【形态特征】附生兰类,茎攀缘或直立。叶扁平,狭带状,二列,深绿色。总状花序从叶腋中抽出,直立,疏生小花,较大型,有黄、白、天蓝等,花色多变。
【生态习性】喜光,不耐旱,不耐寒,忌干燥和强光。
【花期花语】6~8月。天长地久、代代平安幸福。"卓锦万代兰"为万代兰的杂交种,是新加坡的国花,象征着"卓越锦绣、万代不朽"。
【园林用途】盆栽,专类园,切花。

第七章
仙人掌类与多浆植物

【定义与分类】

仙人掌类与多浆植物是指在那些植物体肥厚膨大、含水丰富、能耐干旱、具有观赏价值的一类植物。植物分类学上主要属于仙人掌科的植物,其它还有景天科、番杏科、大戟科、菊科、百合科等的植物。仙人掌类与多浆植物种类繁多,因其原产地环境不同,生态习性不同,可将其分为4种类型。

沙漠型: 这一类型植物原产于干旱、光照强、干风大的沙漠、海滩荒坡等环境恶劣地区。适应排水良好、瘠薄的土壤,耐强光、耐炎热,有明显生长旺期和休眠期,在休眠期中耐干燥和低温。仙人掌、仙人球、芦荟等便属于这种类型。

附生型: 这一类型植物原产于热带雨林,多攀缘或附生于大树、岩壁上。雨林的生态环境终年温暖、湿润,常有阵雨,排水通气性好,林中光照较弱、通风良好。例如:昙花、令箭荷花、蟹爪兰、孔雀珊瑚、量天尺等均属于此类型。

高山及耐寒型: 分布于海拔3000m以上的高山,北纬53°地带的仙人掌及多浆植物呈多浆肉质的莲座状,或者布满蜡质或绒毛。这种类型的植物耐寒性强。景天科植物多属于此类。

温带及草原型: 温带及草原地区长年温度适中,最热月份平均气温20℃左右,最冷月平均气温不低于5℃,旱生型及附生型的仙人掌和多浆植物均能适应这种环境。

【仙人掌类的形态特征】

仙人掌类植物形态多样,花极具魅力,是其他多浆植物所不及的。其显著的形态特征是长期适应干旱、雨季短而集中的进化结果。区别于其他多浆植物的典型特征是:仙人掌类具有特有的器官——刺座。

根: 无明显主根,侧根发达。

叶: 绝大多数种类叶完全退化并消失。

茎: 茎形态变化万千,球状居多,还有呈扁平状、柱状、细长如蛇状等。通常为绿色,不木质化。

棱和疣状突起: 茎上具纵向的棱,棱的数量和排列方式为种类区分提供依据。仙人掌属和昙花属、令箭荷花属及部分苇枝属的种类只有2棱,量天尺属和瘤果仙人鞭属通常为3棱,球形种类的棱较多些,个别的种类多达120棱。茎上具疣状突起,便于植物胀缩和散热。疣状突起明显的属种是仙人掌科中最高度进化的物种。疣状突起的形状、长短、直径大小以及质地软硬因种类而不同。

刺座、刺和毛： 刺座是高度变态的短缩枝，其上着生多种芽，有叶芽、花芽和不定芽，因而刺座上不但着生刺和毛，而且花、仔球和分枝也从刺座上长出。刺和毛具有减少水分蒸腾的作用。

花和果实： 花通常着生在刺座上，单生，辐射对称或两侧对称，萼片和花瓣多数，且无明显区别，雄蕊多数。花期大多较集中。果实通常为肉质浆果，可食。

【生态习性】

仙人掌类与多浆植物不耐寒，耐热，忌湿，喜阳，但由于产地不同，其生态习性也有很大差异。一部分种类如昙花、量天尺等，生长于热带雨林中，要求荫蔽、潮湿及空气湿度高的环境；而大多数生长在干燥、高热、多风的沙漠或半沙漠地带，那里全年除3~4个月为雨季外，其余全为旱季，这类植物大多具有耐旱、喜干、忌湿的习性；少部分多浆植物由于生长在亚热带或温带地区的高山上，由于强烈的太阳辐射，加上干旱、大风及低温，使得这些植物披上稠密的茸毛或蜡层。也有些种类生于海边或盐碱地带，为适应环境也往往具有多浆的特点。

【园林应用】

仙人掌类与多浆植物的种类繁多，其形态多彩多姿，变化无穷，有的茎块硕大而肥，密被刺毛、柔毛；有的尖针长短不一，还有不少是茎叶色彩斑斓，花色艳丽无比。百态千姿，绚美无比，确实是园林花卉中独具一格的植物。还由于它们养护管理简便，繁殖栽培容易，不论室内户外或案头小几，都可以摆设陈放，特别适宜盆栽于室内。

第七章 仙人掌类与多浆植物

落地生根
Bryophyllum pinnatum

景天科

【形态特征】多年生肉质草本，全株蓝绿色。茎直立，叶对生，边缘有锯齿，齿隙产生有展开小叶片的幼芽，脱落于地面即成新植株。圆锥花序顶生，淡红或紫红色，萼合生成筒，4裂，花冠钟形，4裂，雄蕊8。

【生态习性】喜光，喜暖，不耐寒。

【花期花语】1~3月。扎根，繁育后代。

【园林用途】盆栽室内观赏，点缀窗台，富有雅趣。

【种类识别】同科不同属种类——棒叶落地生根(伽蓝菓)*Kalanchoe tubiflora* 叶近圆柱形，无柄，小植株生于叶先端。

棒叶落地生根

落地生根

落地生根

落地生根

落地生根

燕子掌（玉树、豆瓣掌、厚脸皮）
Crassula perforata

景天科

【形态特征】多年生肉质草本，呈灌木状。茎粗，叶对生，肉质，椭圆形，全缘，灰绿色。花粉红色。

【生态习性】喜光，喜温暖，耐干旱。

【花期花语】12月至翌年4月。如意、吉祥。

【园林用途】盆栽，桩景。

【种类识别】同科易混淆种类——马齿苋树(金枝玉叶)*Portulaca afra* 节间明显，分枝近水平。叶对生，倒卵状三角形，似马齿苋叶。

马齿苋树

马齿苋树

马齿苋树

燕子掌

燕子掌

石莲花（宝石花、石莲掌）

Echeveria glauca　　　　　　　　　　景天科

【形态特征】多年生肉质草本，具匍匐茎。少分枝，叶丛直立成莲花座，叶肥厚，楔状倒卵形，顶端短而锐尖，翠绿色，少数为粉蓝、墨绿色。总状花序，顶端弯，小花铃状，红色。

【生态习性】喜光，喜温暖，耐干旱。

【花期花语】7~10月。勤劳的管家。

【园林用途】小型盆栽观赏或盆景、岩石园。

【种类识别】株形均呈莲花座。叶肉质的同科不同属种类还有：

1) 莲花掌（偏莲座）*Aeonium haworthii* 多分枝。叶片较薄，蓝灰色，近圆形或倒卵形，先端圆钝近平截形，红色，无叶柄，叶缘常有锯齿。

2) 宝石花（粉叶石莲花、风车草）*Graptopetalum paraguayense* 叶厚、卵形，先端尖，粉赭色，表面被白粉，似玉石。萼片与花瓣白色，瓣上有红点。为三者中管理最粗放、易养护的种类。

石莲花
石莲花

莲花掌
石莲花　宝石花　宝石花

长寿花（圣诞伽蓝菜、红落地生根）

Kalanchoe blossfeldiana　　　　　　　景天科

【形态特征】多年生肉质草本。茎直立。叶肉质交互对生，椭圆状长圆形，深绿色有光泽，边略带红色。圆锥状聚伞花序，花色有绯红、桃红、橙红、黄、橙黄等，还有重瓣种类。

【生态习性】喜光，喜暖，不耐寒。叶片繁殖能力极强。

【花期花语】12月至翌年4月。大吉大利、长命百岁、福寿吉庆。

【园林用途】冬春季室内外摆放常见花卉。

第七章 仙人掌类与多浆植物

景天属
Sedum spp.

景天科

【形态特征】多年生低矮草本或亚灌木。叶互生，有时小而覆瓦状排列，大多肉质。顶生聚伞花序，常偏生于分枝之一侧；萼4~5裂；花瓣4~5，分离或基部合生；雄蕊与花瓣同数或2倍。

【生态习性】喜阳光，耐半荫，喜温暖，不耐寒，耐干旱，喜肥沃的沙质壤土。西南地区高山上分布最多。

【花期花语】4~8月。

【园林用途】岩石园、地被、花坛镶边、花境、屋顶绿化、盆栽。

【种类识别】同属近600种，我国约有140种。园林中常见栽培应用的种类有：

1)佛甲草 *S. lineare* 茎斜卧，叶3~4片轮生，线形至倒披针形。花黄色，花期4~5月。

2)垂盆草 *S. sarmentosum* 茎匍匐，叶3片轮生，倒披针形至长圆形，比佛甲草叶宽扁。花期5~6月。其耐寒、耐热、耐干旱性都强于佛甲草，更适合应用于屋顶绿化。

3)八宝景天 *S. spectabile* 地下茎肥厚，地上茎簇生，粗壮而直立，全株呈灰绿色。叶轮生或对生，倒卵形，肉质，具波状齿。伞房花序直径达10~13cm，花淡粉色，还有白、紫红、玫红等色及叶有金边的栽培品种。花期夏秋。花叶均美，是布置夏秋季花坛、花境、地被、岩石园极佳材料。

4)凹叶景天S. *emarginatum* 叶对生，匙状倒卵形，顶端凹缺。聚伞花序顶生，常3分枝。花期5~6月。

5)金叶景天S. 'Aurea' 茎匍匐，丛生，分枝能力强，株高5~8cm，叶对生，叶片小而圆，金黄色，鲜亮。是一种极好的彩叶地被材料，也常用于花坛镶边。

6)反曲景天S. *reflexum* 叶灰绿色，被白色蜡粉，叶在小枝上的排列似云杉。花亮黄色，花期6~7月。

7)翡翠景天(松鼠尾)S. *morganianum* 茎下垂匍匐，蓝绿色。常室内盆栽观赏。

8)三七景天（费菜）S. *aizoon* 茎直立，叶互生。聚伞花序顶生，分枝平展，花黄色，花期6~8月。本种应用较广，全国各地均可种植。

第七章 仙人掌类与多浆植物

宝绿（舌叶花、佛手掌）
Glottiphyllum linguiforme

番杏科

【形态特征】 多年生肉质草本。肉质叶舌状，对生2列，鲜绿色，平滑有光泽，叶端略向外反转。秋冬季开花，花自叶丛中抽出，花冠金黄色。
【生态习性】 喜冬季温暖，夏季凉爽干燥环境。
【花期花语】 春夏季。
【园林用途】 盆栽观赏。

生石花（石头花、元宝、曲玉）
Lithops pseudotruncatella

番杏科

【形态特征】 多年生肉质草本，茎很短。变态叶肉质肥厚，两片对生联结而成为倒圆锥体。从对生叶的中间缝隙中开出黄、白、红、粉、紫等色花朵。
【生态习性】 喜阳光，耐高温。
【花期花语】 8~10月。顽强、生命宝石。
【园林用途】 盆栽观赏。
【种类识别】 生石花属植物有70~80种，外形酷似彩色卵石，种类繁多，色彩丰富。

鸾凤玉
Astrophytum myriostigma　　　　　　　　　　　　　　仙人掌科

【形态特征】 幼株球形，老株成柱状。具有3~9条明显的棱，多数为5棱，刺座无刺，有褐色绵毛。球体密被白色星状毛或小鳞片。花朵着生在球体顶部的刺座上，漏斗形，黄色或有红心。

【生态特点】 极喜光，喜冷凉，喜富含石灰质的沙质土壤。

【园林用途】 盆栽于案头、书架、茶几上观赏。

【种类识别】 同属易混淆种——星球(星冠) *A.asterias* 两者球状的幼茎和硕大的黄花有相似之处。星球的球体具6~10条浅沟，刺座上具有白色星状绵毛。

鸾凤玉

星球

鸾凤玉

星球

金琥（象牙球）
Echinocactus grusonii　　　　　　　　　　　　　　仙人掌科

【形态特征】 茎圆球形，单生或成丛。球顶密被金黄色绵毛。球体有纵棱若干条，刺座很大，密生硬刺，刺金黄色。花着生于球顶部绵毛丛中，钟形，黄色，花筒被尖鳞片。

【生态特点】 要求阳光充足，喜含石灰质及石砾的沙质壤土。

【花期花语】 6~10月。福禄长寿。

【园林用途】 盆栽观赏，或配置于多肉植物专类园。

【种类识别】 同科相近种或品种：
1)仙人球（花盛球、草球）*Echinopsis cubiflora* 茎呈球形或椭圆形，绿色，棱上密生针刺，黄绿色，长短不一，作辐射状。花着生于纵棱刺丛中，白色，长喇叭形。
2)狂刺金琥var.*intertextus* 茎扁圆球形，单生或双生，球顶有大面积茸毛。密生硬刺，刺长，金黄色。

狂刺金琥

金琥

仙人球

昙花（月下美人、韦陀花）
Epiphyllum oxypetalum

仙人掌科

【形态特征】多年生肉质草本，具匍匐茎。少分枝，叶丛直立成莲花座，叶肥厚，楔状倒卵形，顶端短而锐尖，翠绿色，少数为粉蓝、墨绿色。聚伞花序，花冠红色。

【生态习性】喜温暖、潮湿。

【花期花语】5~10月。短暂的美丽、一瞬间即永恒。

【园林用途】盆栽观赏，在南方也可地栽。

【种类识别】同科、花亦为夜间开放的种类——量天尺（霸王花、三棱柱）*Hylocereus undatus* 多年生攀缘植物，茎极延长，绿色、肉质，常收缩成节，有阔棱3条，边缘波浪形。花单生，花萼花瓣状，黄绿色。

绯牡丹（红牡丹、红球、红灯）
Gymnocalycium mihanovichii var. *friedrichii* 'Rubra'

仙人掌科

【形态特征】多年生肉质植物。茎扁球形，鲜红、深红、橙红、粉红或紫红色，具8棱，有突出的横脊。刺座小，无中刺，辐射刺短或脱落。花漏斗形，着生在顶部的刺座上，粉红色。

【生态习性】喜光，耐干旱，喜温暖。通常嫁接在仙人柱、量天尺和仙人球上繁殖。

【花期花语】夏季。永恒的爱情。

【园林用途】球体美观，色彩鲜艳，是仙人掌植物中最常见的红色球种。可不同色彩或品种组合盆栽，点缀阳台、书桌、案几，或布置专类园。

令箭荷花（孔雀仙人掌）
Nopalxochia ackermannii

仙人掌科

【形态特征】附生类仙人掌植物。基部主干细圆，分枝呈扁平令箭状，绿色，边缘具钝齿状。花从茎节两侧的刺座中开出，花筒细长，喇叭状大花，花色红、黄、白、粉、紫等多种颜色。
【生态习性】喜温暖、潮湿的气候和肥沃、疏松、排水良好的腐叶土。
【花期花语】4~5月。追忆。
【园林用途】盆栽观赏。

仙人掌
Opuntia dillenii

仙人掌科

【形态特征】茎大部近木质，圆柱状，茎节扁平，幼时鲜绿色，老时灰绿色。刺密集，黄色。花单生，鲜黄色。
【生态习性】性强健，甚耐干旱。喜阳光充足。
【花期花语】5~8月。外刚内柔、坚强。
【园林用途】盆栽观赏。热带地区可庭植。
【种类识别】同属易混淆种或品种：
1)黄毛掌 *O.microdasys* 茎节呈较阔的椭圆形或广椭圆形，黄绿色。刺座密被金黄色钩毛。花淡黄色。
2)白毛掌 *O.microdasys* var.*albispina* 植株比黄毛掌矮，茎节较小。钩毛白色。
3)红毛掌 *O.microdasys* var.*rufida* 茎节宽而厚，钩毛红褐色。

第七章　仙人掌类与多浆植物

仙人指（仙人枝）
Schlumbergera bridgesii

仙人掌科

蟹爪兰

蟹爪兰

【形态特征】附生类仙人掌植物。茎节扁平，边缘浅波状，顶部平截。花单生枝顶，辐射对称，红色或紫红色。
【生态习性】喜温暖、空气潮湿的环境。
【花期花语】2~4月。藏在心里的爱。
【园林用途】盆栽观赏。
【种类识别】同科极易混淆种类——蟹爪兰（锦上添花，圣诞仙人掌）*Zygocactus truncatus* 两者主要区别在叶状茎上，其边缘呈锐锯齿状，形如蟹钳。花两侧对称，花瓣反卷。

仙人指

仙人指

蟹爪兰

虎刺梅（麒麟花、铁海棠）
Euphorbia milii var.*splendens*

大戟科

虎刺梅

【形态特征】直立或稍攀缘性小灌木。灰绿色的干枝带刺，枝上疏生鲜绿色匙形或倒卵圆形叶片，枝端开出鲜红、玫红的小花。
【生态习性】喜温暖湿润和阳光充足环境。
【花期花语】冬春季。倔强而又坚贞，温柔又忠诚，勇猛又不失儒雅。
【园林用途】盆栽观赏，或作刺篱。
【种类识别】花名相似、易混淆的同属种类——麒麟角（玉麒麟）*E.neriifolia* 具棱的肉质茎变态成鸡冠状或扁平扇形，具短黑刺，叶子密生在扇形茎的顶部及边缘，倒卵状长圆形。

虎刺梅　玉麒麟

虎刺梅

玉麒麟

芦荟（龙角、狼牙掌）
Aloe vera var. *chinensis*

百合科

【形态特征】多年生肉质植物。叶肥厚而多肉，多汁，披针形，边缘有尖齿状刺。总状花序自叶丛中抽出。小花密集，橙黄色并带有红色斑点。
【生态习性】喜光。喜温暖、干燥的环境。
【花期花语】7~8月。洁身自爱、不受干扰。
【园林用途】盆栽观赏。
【种类识别】同属植物约200种，常见栽培的还有：花叶芦荟 *A.saponaria* 叶较宽，密集，具多个不整齐白色斑点，边缘有三角形细刺。

芦荟

花叶芦荟

条纹十二卷（锦鸡尾）
Haworthia fasciata

百合科

【形态特征】多年生肉质草本，无茎。叶簇生，三角状披针形，先端细尖呈剑形，表面平滑，深绿色，背面横生整齐的白色瘤状突起。总状花序，小花绿白色。
【生态习性】喜温暖干燥和阳光充足环境。
【花期花语】观株型。开朗、活泼。
【园林用途】盆栽观赏。
【种类识别】同属相似种类——点纹十二卷 *H.margaritifera* 叶背面散生白色瘤状突起。

点纹十二卷

条纹十二卷

条纹十二卷

虎尾兰（千岁兰、虎耳兰）
Sansevieria trifasciata

百合科

【形态特征】多年生肉质草本，具匍匐的根状茎。叶簇生，扁平，直立，先端尖，剑形；叶色浅绿色，正反两面具白色和深绿色的横向如云层状条纹，状似虎皮，表面有很厚的蜡质层。花白色。
【生态习性】喜温暖和明亮光线。土壤需排水良好。
【花期花语】11月。稳重、厚实。
【园林用途】盆栽观赏。

龙舌兰（番麻）
Agave americana

龙舌兰科

金边龙舌兰

【形态特征】多年生肉质草本，植株高大。叶丛生，肥厚，灰绿色，带白粉，先端具尖刺，边缘有锯齿或刺。花序圆锥形，淡黄绿色。常见栽培有金边和金心园艺变种。
【生态习性】喜阳光，耐干旱。
【花期花语】6~7月。为爱不顾一切。
【园林用途】盆栽观赏，或作刺篱。
【种类识别】盆栽观赏或花槽观赏。也适用于布置小庭院，栽植在花坛中心、草坪一角。

第八章
室内观叶植物

【定义】

室内观叶植物是指主要以叶作为重点观赏对象，适宜室内较长期摆放和观赏的一类植物。室内观叶植物以阴生观叶植物为主，也包括部分叶、花和叶、果共赏的种类，其中部分垂吊应用的种类放在藤蔓花卉中介绍，如绿萝等。这类植物具有如下特点：

1、大多原产于热带森林的下层，故喜充足的散射光，畏惧直射光；喜温暖至高温的气候和高湿度的环境。

2、观赏期长，种类繁多，但科、属很集中，主要隶属于天南星科、龙舌兰科、竹芋科、棕榈科、凤梨科等。

【分类】

按照耐荫性不同划分为4类：

耐荫类室内观叶植物：如蕨类植物、一叶兰、豆瓣绿类、绿巨人、广东万年青等。适宜在室内接近无直射光的窗户或离有直射光的窗户比较远的位置摆放。

耐半荫类室内观叶植物：如竹芋类、喜林芋类、绿萝、花叶冷水花、龟背竹、文竹、散尾葵、吊兰、棕竹等。适宜在有光照但无直射光线的地方，如室内在南窗1.5~2.5m周围摆放。

日中性类室内观叶植物：如鱼尾葵、鹅掌柴、马拉巴栗、巴西铁、澳洲鸭脚木、龙吐珠、朱蕉、非洲紫罗兰等。适宜在有部分直射阳光的地方，如室内靠近东窗和西窗附近以及南窗0.8m以外的位置摆放。

喜阳类室内观叶植物：如垂叶榕、橡胶榕、变叶木、彩叶凤梨等。适宜在具有天窗的中庭，或室内离南窗0.5~0.8m左右的位置摆放。

【园林应用】

目前，现代化的室内装饰中大量摆设室内观叶植物的盆栽，并用切花作点缀；于节假日，则在一些重点位置摆放一定数量、色彩鲜艳的一、二年生花卉，以营造一种热烈、欢乐、喜庆的气氛。

根据室内观叶植物习性和观赏特性的不同，应用于室内的盆栽形式也很多样，如：

第八章　室内观叶植物

　　树型盆栽：具明显的茎干，常作主景的盆栽，如孔雀木、垂榕等。

　　附柱盆栽：花盆中心设立支柱，供蔓性植物攀缘的盆栽，如蔓绿绒类等。

　　悬垂盆栽：枝条柔软下垂，叶片密集、蓬松的藤蔓植物，可以作吊盆或壁吊，如绿萝等。

　　艺术造型：利用植物茎的柔韧性进行艺术加工而成的盆栽。如富贵竹的茎秆切段可组合宝塔式造型，称为"开运塔"；发财树可以几株编绞成螺旋状、辫状。

　　组合盆栽：近年来逐渐流行的盆栽形式，是将不同形态、色彩、质感的植物进行设计，组合在一起的盆栽。豆瓣绿类、网纹草类常是其中重要的配材。

　　瓶景：在封闭或半封闭的瓶中种植，形成优美独特的植物小景。

　　室内观赏植物除作为盆花生产外，还可作为切叶生产，如巴西铁叶、蕨类叶等，切叶可作为插花的配材。

肾蕨（圆羊齿）
Nephrolepis auriculata

肾蕨科

【形态特征】中型地生或附生蕨。地下具根状茎。叶密集簇生，直立，披针形，浅绿；一回羽状全裂，羽片上侧有耳形突起。孢子囊群生于侧脉上方的小脉顶端，肾形。
【生态习性】喜高温高湿和半荫的环境，不耐寒。
【花期花语】观叶。认真。
【园林用途】盆栽，垂吊，切叶，地被，点缀山石。

波斯顿蕨（皱叶肾蕨）
Nephrolepis exaltata 'Bostoniensis'

肾蕨科

【形态特征】小型地生或附生蕨。叶簇生，一回羽状，稍下垂；裂片边缘波状明显，先端扭曲，淡绿色。
【生态习性】喜高温高湿和半荫的环境，不耐寒。
【花期花语】观叶。丰富、满足。
【园林用途】盆栽，吊盆，切叶，地被。

银脉凤尾蕨　　　　　　　　　　　　　　　　　　　　凤尾蕨科
Pteris ensiformis 'Victoriae'

【形态特征】 小型陆生蕨类。根状茎斜生。叶二型，一至二回羽状；叶丛生；小羽片矩圆形或掌状三深裂，边缘有细锯齿；叶面为绿色，叶脉为银白色。孢子囊群线形，生于叶缘。
【生态习性】 喜高温高湿和半荫的环境，较耐寒，忌涝。
【花期花语】 观叶。热情。
【园林用途】 盆栽，地被。

铁线蕨（铁线草）　　　　　　　　　　　　　　　　铁线蕨科
Adiantum capillus-veneris

【形态特征】 小型陆生蕨类。植株小而纤细，直立披散；具匍匐状根茎。叶丛生，二回羽状；叶柄纤细，紫黑色；小羽片扇形或斜四方形。孢子囊群生于叶背外缘，孢子囊群盖圆肾形至矩圆形。
【生态习性】 喜高温高湿和半荫的环境。为钙质土指示植物。
【花期花语】 观叶。无悔。
【园林用途】 盆栽，庭园地被，切叶。

肾蕨（圆羊齿）
Nephrolepis auriculata   肾蕨科

【形态特征】 中型地生或附生蕨。地下具根状茎。叶密集簇生，直立，披针形，浅绿；一回羽状全裂，羽片上侧有耳形突起。孢子囊群生于侧脉上方的小脉顶端，肾形。
【生态习性】 喜高温高湿和半荫的环境，不耐寒。
【花期花语】 观叶。认真。
【园林用途】 盆栽，垂吊，切叶，地被，点缀山石。

波斯顿蕨（皱叶肾蕨）
Nephrolepis exaltata 'Bostoniensis'   肾蕨科

【形态特征】 小型地生或附生蕨。叶簇生，一回羽状，稍下垂；裂片边缘波状明显，先端扭曲，淡绿色。
【生态习性】 喜高温高湿和半荫的环境，不耐寒。
【花期花语】 观叶。丰富、满足。
【园林用途】 盆栽，吊盆，切叶，地被。

第八章 室内观叶植物

银脉凤尾蕨
Pteris ensiformis 'Victoriae'

凤尾蕨科

【形态特征】 小型陆生蕨类。根状茎斜生。叶二型，一至二回羽状；叶丛生；小羽片矩圆形或掌状三深裂，边缘有细锯齿；叶面为绿色，叶脉为银白色。孢子囊群线形，生于叶缘。
【生态习性】 喜高温高湿和半荫的环境，较耐寒，忌涝。
【花期花语】 观叶。热情。
【园林用途】 盆栽，地被。

铁线蕨（铁线草）
Adiantum capillus-veneris

铁线蕨科

【形态特征】 小型陆生蕨类。植株小而纤细，直立披散；具匍匐状根茎。叶丛生，二回羽状；叶柄纤细，紫黑色；小羽片扇形或斜四方形。孢子囊群生于叶背外缘，孢子囊群盖圆肾形至矩圆形。
【生态习性】 喜高温高湿和半荫的环境。为钙质土指示植物。
【花期花语】 观叶。无悔。
【园林用途】 盆栽，庭园地被，切叶。

鸟巢蕨（巢蕨、山苏花）
Neottopteris nidus　　　　　　　　　　　　　　　　　铁角蕨科

【形态特征】大型附生蕨类。根状茎粗短，顶部密被条形鳞片。叶辐射状丛生于根状茎顶端，中空如鸟巢；带状阔披针形，全缘，向基部渐狭。孢子囊群条形，生于叶背面侧脉上侧。
【生态习性】喜高温高湿和半荫的环境，不耐寒。
【花期花语】观叶。吉祥、富贵。
【园林用途】盆栽，吊盆，庭园丛植。

鹿角蕨（蝙蝠蕨、二叉鹿角蕨）
Platycerium bifurcatum　　　　　　　　　　　　　　水龙骨科

【形态特征】附生蕨类。全株灰绿色被绢状绵柔毛。叶二型，起支撑作用的"裸叶"，圆形，叶缘波状，紧贴根茎，新叶绿白色，老叶棕色；具生殖功能的"实叶"丛生，端部具二至三回叉状分歧，下垂，形似鹿角。孢子囊群生于"实叶"叶背。
【生态习性】喜高温高湿和半荫的环境，不耐寒，忌空气干燥。
【花期花语】观叶。安慰。
【园林用途】盆栽，悬挂，附生于树上。

第八章　室内观叶植物

豆瓣绿类（椒草类）
Peperomia spp.

胡椒科

皱叶椒草

西瓜皮椒草

圆叶椒草

斑叶垂椒草

【形态特征】常绿草本，全株光滑，株高20~30cm。茎叶肉质，直立或蔓性。叶对生或互生，不同种其叶形各异，叶面常有斑纹。花小，两性，密集着生于细长的穗状花序上。

【生态习性】喜温暖、多湿和半荫的环境，耐荫性强，不耐旱。

【花期花语】6~7月。中立、公正。

【园林用途】小型盆栽。

【种类识别】常见种类有：

1)皱叶椒草 *P. caperata* 丛生型，叶心形，叶面有皱褶，整个叶面呈波浪状起伏。叶柄狭长，红褐色。穗状花序白色或淡绿色，春末至初秋开放。花语为温柔含蓄。

2)斑叶垂椒草 *P. serpens* 'Variegata' 蔓性型，叶心形，淡绿色，具蜡质，叶缘有黄白色斑纹。常作吊盆观赏。

3)西瓜皮椒草 *P. argyreia* 丛生型，叶脉浓绿色，叶脉间白色，半月形的花纹状如西瓜皮，叶背紫红色，叶柄红褐色。

4)圆叶椒草 *P. obtusifolia* 丛生型，叶卵形，两面都是墨绿色。

扁竹蓼（竹节蓼、扁茎蓼、百足草）
Homalocladium platycladium

蓼科

【形态特征】多年生常绿直立草本，高0.6~2m。茎基部圆柱形，木质化，上部枝扁平，呈带状，形似叶片，节处略收缩，托叶鞘退化成线状。总状花序簇生新枝节上，花小，淡红色或绿白色。

【生态习性】喜光较耐荫，不耐寒，不耐湿。

【花期花语】9~10月。似竹非竹。

【园林用途】株丛繁茂亮绿，嫩茎扁平，形态奇特。室内盆栽，暖地庭园内地栽。

碰碰香
Pelargonium odoratissimum

牻牛儿苗科

【形态特征】多年生草本。多分枝，全株被有细密的白色绒毛。肉质叶，交互对生，绿色，卵圆形，边缘有钝锯齿。因触碰后可散发出令人舒适的香气而享有"碰碰香"的美称，又因其香味浓甜，颇似苹果香味，故又享有"苹果香"美誉。
【生态习性】喜光较耐荫，喜暖不耐寒，不耐水湿，过湿易烂根。
【园林用途】小型盆栽，悬吊，几案、书桌的点缀品。提神醒脑，清热解暑，驱避蚊虫。

马拉巴栗（发财树）
Pachira macrocarpa

木棉科

【形态特征】常绿乔木。主干通直，大枝假轮生，干基肥大。叶互生，掌状复叶，小叶4~7枚，长椭圆形，纸质，叶柄很短。花两性，单生叶腋，粉红色。
【生态习性】喜光，幼树耐荫；喜高温、多湿气候，不耐寒；耐旱。
【花期花语】5~6月。财源广进、恭喜发财。
【园林用途】大型盆栽，庭荫树，行道树。
【种类识别】极其容易混淆的种类——澳洲鸭脚木（大叶伞）*Schefflera actinophylla* 为五加科植物，叶形及植株形态上有相似之处。澳洲鸭脚木的掌状复叶具长柄，而马拉巴栗的叶柄很短。

第八章 室内观叶植物

变叶木（洒金榕）
Codiaeum variegatum

大戟科

变叶木

变叶木

变叶木

星点木

变叶木

【形态特征】常绿灌木，有白色乳汁。叶互生，叶形有长叶、阔叶、角叶、戟叶、细叶、螺旋叶、母子叶等7种，叶色变异丰富，常具有斑点或斑块，全缘或分裂。总状花序腋生，不明显。因叶形和色彩的善变而得名。

【生态习性】喜光，喜高温、高湿的环境，不耐寒，不耐旱。

【花期花语】3月。娇艳、善变、多姿多彩。

【园林用途】中型盆栽，丛植，绿篱，插花配叶。

【种类识别】叶片具有星点、易混淆种类——星点木 *Dracaena godseffiana* 龙舌兰科，叶对生或轮生，叶中脉整条成加宽之乳白色斑带，浓绿叶片上具黄白色斑点，如黑夜的星空，繁星点点，故得名。极耐荫，作室内观赏或切叶。

垂叶榕（垂榕）
Ficus benjamina

桑科

垂叶榕

琴叶榕

花叶垂榕

【形态特征】常绿乔木。枝条稍下垂，叶互生，近革质，椭圆形，有长尾尖，边缘微波状。隐头花序腋生，球形。隐花果成熟时黄色或淡红色。有斑叶、金叶、金边等栽培品种。

【生态习性】喜光，幼树耐荫；喜高温、多湿气候，不耐干燥。生势强健。

【花期花语】8～11月。长寿吉祥、荣华富贵。

【园林用途】大型盆栽，园景树，行道树，绿篱。

【种类识别】同属种类——琴叶榕 *F. lyrata* 叶先端钝而稍阔，基部微凹入，形似提琴；叶脉中肋于叶面凹下并于叶背显著隆起，侧脉亦相当明显。

橡皮树（印度橡胶榕）

Ficus elastica

桑科

【形态特征】 常绿乔木。植株有乳汁。叶互生，椭圆形，厚革质，有光泽；侧脉细密平行；笔尖状顶芽被淡红色的托叶包被。
【生态习性】 喜半荫，幼树耐荫；喜高温高湿气候，不耐寒；耐旱。
【花期花语】 冬季。权威。
【园林用途】 大型盆栽，园景树，庭荫树。

花叶冷水花

Pilea cadierei

荨麻科

【形态特征】 多年生草本。地上茎细弱、肉质，节部膨大。叶对生，椭圆形，叶缘有波状钝齿；叶面绿色，基出脉3条，叶脉间有银白色的斑纹。聚伞花序腋生，白色。
【生态习性】 喜温暖、湿润的半荫环境，不耐干旱。
【花期花语】 暮秋至初冬。顽皮、寻求刺激。
【园林用途】 小型盆栽，地被。

第八章　室内观叶植物

胡椒木
Zanthoxylum 'Odorum'

芸香科

【形态特征】 常绿灌木，高约30~90cm。奇数羽状复叶，叶基有短刺2枚，叶轴有狭翼。小叶对生，倒卵形，革质，叶面浓绿富光泽，全叶密生腺体，具浓烈胡椒香味。
【生态习性】 喜光，不耐水涝，生长缓慢。
【园林用途】 大中型盆栽。

南洋森（福禄桐）
Polyscias guilfoylei

五加科

【形态特征】 常绿灌木。茎干挺直，分枝多。叶互生，一回羽状复叶，小叶3~4对，椭圆形，叶面绿色，光亮，边缘泛布银白色斑块。伞形花序成圆锥状，盆栽少见开花。品种很多，在叶形、叶色和叶片上的斑纹常有较大变化。常见栽培的有圆叶、蕨叶、羽叶等品种。
【生态习性】 喜高温、湿润和明亮散射光，不耐寒，不耐积水，怕干旱。
【花期花语】 夏季。福禄寿喜、吉祥、祈福。
【园林用途】 大型盆栽，园景树。
【种类识别】 名字相似种类——南洋杉*Araucaria cunninghamia* 南洋杉科常绿乔木，常在长江流域及以北地区作室内大型盆栽，大枝平展轮状着生，整齐而大气。

蕨叶南洋森

南洋杉

花叶南洋森

圆叶南洋森

南洋森

羽叶南洋森

鹅掌藤（鹅掌柴、七叶莲）
Schefflera arboricola   五加科

【形态特征】 常绿灌木。茎直立多分枝。掌状复叶，小叶7～9枚，叶柄短。聚伞花序圆锥状，小花白色，具香气。
【生态习性】 喜温暖、湿润和半荫的环境，不耐寒。
【花期花语】 8～11月。自然、和谐。
【园林用途】 大中型盆栽，地被。
【种类识别】 花叶鹅掌柴'HongKong Variegata'叶面有不规则黄色斑纹。

花叶鹅掌柴 　　花叶鹅掌柴

鹅掌藤

孔雀木（美叶槭木）
Schefflera elegantissima   五加科

【形态特征】 常绿灌木。茎干和叶柄有白色斑点。掌状复叶互生，小叶5～9枚，羽状分裂，边缘有锯齿，中脉明显，叶片紫红色。
【生态习性】 喜温暖、湿润和半荫的环境，不耐寒。
【花期花语】 观叶和观形树种。爽朗、活泼。
【园林用途】 大中型盆栽，园景树。

灰莉（灰莉木、非洲茉莉）
Fagraea ceilanica

马钱科

【形态特征】 常绿（攀缘）灌木或小乔木。叶对生，椭圆形，先端突尖，全缘，肉质，表面暗绿色。花单生或为二歧聚伞花序，花冠漏斗状，5裂，白色，有芳香。

【生态习性】 喜光但忌强光，不耐寒，喜空气湿度高、通风良好的环境。耐修剪。

【花期花语】 5月。

【园林用途】 大中型盆栽，华南地区庭院观赏，华中、华东地区作室内盆栽，布置门厅。

【种类识别】 同名易混淆的种类——茉莉花 *Jasminum sambac* 木犀科。两者叶片都对生，花白色，有香味。商家因灰莉木的谐音与茉莉相似，也为便于销售，便冠以"非洲茉莉"的商品名。茉莉花图片见P29紫茉莉中介绍。

网纹草类
Fittonia spp.

爵床科

【形态特征】 植株低矮，5～20cm。茎呈匍匐状，落地茎节易生根。叶对生，卵形至椭圆形；叶脉网状，明显，因种类不同而色泽多样。穗状花序顶生，小花黄色。

【生态习性】 喜高温、高湿和半荫环境，畏强光，不耐寒（5℃以上），忌干燥。

【花期花语】 春季。理性、睿智。

【园林用途】 微小型盆栽，吊盆，瓶景。

【种类识别】 常见栽培品种有：
1)白网纹草 *F. verschaffeltii* 'Argyoneura' 网络状叶脉银白色。
2)红网纹草 *F. verschaffeltii* 'Percei' 网络状叶脉红色。

凤梨类
Bromeliaceae

凤梨科

【形态特征】 凤梨是凤梨科所有植物的总称。一般莲座状叶丛，中心呈杯状形成储水结构。叶大小因种而异。花序圆锥状、总状或穗状，生于叶丛中央，有黄、褐、粉红、绿、白、红、紫等色，非常艳丽，小花生于颜色鲜亮的苞片中，苞片色彩经久不凋，而且形态奇异，观赏价值很高。花凋谢前基部产生吸芽。

【生态习性】 耐荫，不耐寒，喜微酸性水，喜湿润土壤。栽培时杯状叶丛要保持有水。

【花期花语】 春夏。好运旺来。完美无缺。

【园林用途】 优良的室内观叶植物，部分种类的花期长达一至两个季度，花叶兼美。

【种类识别】 常见栽培的种类有：

1)美叶光萼荷（蜻蜓凤梨、粉菠萝） *Aechmea fasciata* 叶基部相互交叠成筒状；叶宽带状，被银灰色鳞片，叶面有虎纹状银白色横纹。穗状花序直立，密集成阔圆锥状球形，苞片淡粉色，小花淡蓝色。

2)彩叶凤梨（艳凤梨、金边凤梨） *Ananas comosus* var. *variegata* 叶黄绿色，边缘有乳黄色或粉红色的宽条斑；叶缘有锐锯齿，叶背略被白粉。总花梗圆粗，坚挺，顶生穗状花序，聚生成卵圆形。浆果橙红色。为食用菠萝的花叶品种，观果期长达半年之久。

3)红姬凤梨 *Cryptanthus bivittatus* 叶缘波浪状，有细锯齿；叶玫瑰红色，有两条淡黄白色纵斑条，叶背有白粉。花小，白色。

4)果子蔓（擎天凤梨、红星凤梨） *Guzmania lingulata* 多年生附生草本。茎短，基部多萌芽。叶基部相互交叠成筒状，成松散的莲座状；叶革质，有光

美叶光萼荷

彩叶凤梨　　彩叶凤梨　　红姬凤梨

美叶光萼荷　　彩叶凤梨

泽，全缘。穗状花序，苞片鲜红色，小花乳黄色。花期春季。

5) 斑叶唇凤梨 Neoregelia carolinae 叶边缘有黄色或白色带状条纹，叶缘具细锯齿。开花时，叶丛靠近中心部分变成鲜红色，花序短而不伸出叶丛；花小，蓝紫色。

6) 紫花凤梨（铁兰、粉掌铁兰）Tillandsia cyanea 植株低矮，叶窄长，灰绿色，基部有紫褐色条纹。穗状花序椭圆形，花茎短；苞片粉红色，小花蓝紫色，状似蝴蝶。春季开花，观赏期长达3个月。

7) 虎纹凤梨（红剑）Vriesea splendens 叶两面具紫黑色的横向斑纹，全缘。穗状花序直立，呈剑状，苞片鲜红色或黄色，小花黄色。花期长达5个月。

8) 莺歌凤梨 Vriesea carinata 叶翠绿色，花梗顶端扁平的苞片整齐依序叠生成莺哥鸟的冠毛状，苞片基部红色，顶端嫩黄色或黄绿色。花期长达5~6个月。

孔雀竹芋（马克肖竹芋）
Calathea makoyana   竹芋科

孔雀竹芋

【形态特征】多年生草本，具根茎。叶丛生，长椭圆形，叶面绿白色，中肋边缘具褐色斑块，状如孔雀的尾羽，故得名；叶背部多呈褐红色；叶柄红色。

【生态习性】喜高温、高湿的半荫环境，忌烈日暴晒和干燥，不耐寒。

【花期花语】观叶。美的光辉、色彩斑斓。

【园林用途】中小型盆栽，地被。

【种类识别】同属相似种类有：

1)彩虹竹芋（玫瑰竹芋）*C. roseo-picta* 叶卵圆形，表面青绿色，中脉浅绿色至粉红色，羽状侧脉两侧间隔着斜向上的浅绿色斑条，叶脉两侧排列着墨绿色浅条；近叶缘处有一圈玫瑰色或银白色环形斑纹；叶背具紫红斑块。

2)绒叶肖竹芋（天鹅绒竹芋）*C. zebrina* 叶椭圆状披针形，叶面深绿色，间以灰绿色的带状条纹；叶背幼时灰绿色，老时深紫色。花蓝紫色或白色。

彩虹竹芋

天鹅绒竹芋

紫背竹芋（红背竹芋）
Stromanthe sanguinea   竹芋科

【形态特征】多年生草本。肉质根状茎匍匐。叶披针形，表面暗绿色，有光泽；沿中脉两侧有斜向上的绿色条斑，叶背紫红色。圆锥花序；苞片鲜红色、蜡质，小花白色。

【生态习性】喜高温、高湿的半荫环境，忌烈日暴晒，稍耐寒。

【花期花语】春末至夏初。转身的奇迹。

【园林用途】中小型盆栽，地被，切叶。

第八章　室内观叶植物

文竹
Asparagus setaceus

百合科

【形态特征】 多年生草本。茎柔软细长，呈攀缘状。叶退化为鳞片或刺；羽状分枝极多，分枝末端水平展开；叶状枝浅绿色，密生如绒毛。花小，两性，白绿色。浆果球形，成熟后紫黑色。
【生态习性】 喜温暖湿润和半荫的环境，不耐严寒，不耐干旱，忌阳光直射。
【花期花语】 春季。清秀、脱俗。
【园林用途】 中小型盆栽，切叶。
【种类识别】 同属相似种或品种有：
1) 天门冬 *A. cochinchinensis*　半蔓性草本，具纺锤状肉质块根，叶状枝线形，肉质；花色淡红；浆果鲜红色。
2) 狐尾武竹 *A. densiflorus* 'Myers'　叶片鲜绿色，叶状枝细针状，柔软，枝条长30~50cm，状如狐尾。

一叶兰（蜘蛛抱蛋）
Aspidistra elatior

百合科

【形态特征】 多年生草本。根状茎粗壮，横生。叶基生，每次仅抽生一片叶子；椭圆状披针形，先端渐尖；墨绿色。花贴地而长，紫褐色，钟状。
【生态习性】 喜温暖湿润和半荫的环境，耐荫性强，耐寒，耐贫瘠。
【花期花语】 4~5月。天长地久。
【园林用途】 中型盆栽，地被，花台。

广东万年青（粗肋草、亮丝草）
Aglaonema modestum

天南星科

【形态特征】 多年生草本。茎直立，不分枝。叶椭圆状披针形，浓绿色，有光泽，边缘波状，顶端尾尖；叶柄基部鞘状。佛焰苞淡绿色，肉穗花序黄白色。

【生态习性】 喜高温、多湿和半荫环境，不耐寒，怕干旱。

【花期花语】 秋季。自由时尚、热情开朗的情人。

【园林用途】 中小型盆栽，地被，切叶。

1)万年青（开喉剑、冬不凋）*Rohdea japonica* 百合科，根状茎粗短，叶丛生，质厚，披针形或带形，边缘略向内褶，基部渐窄呈叶柄状。花紧挤成一稠密的穗状花序，低于叶丛，花苞片极不明显。浆果熟时红色。常作林下地被。

2)花叶万年青（花叶黛粉叶）*Dieffenbachia picta* 天南星科，茎直立。叶长椭圆形，集生茎顶；叶面有多数不规则的、白色或黄绿色的斑块或斑点，佛焰苞花序小。盆栽观叶。

3)紫背万年青（蚌兰）*Rhoeo discolor* 鸭跖草科，叶丛生，披针形，正面绿色，背面紫红色，叶两面有深浅不同的条斑。花期8~10月，小花白色，生于紫红色的两片蚌形的大苞片内，其形似蚌壳吐珠，故名"蚌花"。室内小型盆栽，华南地区作林缘地被。

广东万年青　　万年青　　花叶万年青　　紫背万年青　　万年青　　紫背万年青

第八章　室内观叶植物

海芋（广东狼毒、观音莲）
Alocasia macrorrhiza

天南星科

海芋

海芋

黑叶观音莲

【形态特征】多年生草本。茎粗壮。叶柄长。叶片盾形，革质，边缘浅波状；叶柄粗壮，基部扩大而抱茎。佛焰苞淡绿色至乳白色，肉穗花序黄白色。浆果红色。

【生态习性】生势强健。喜高温高湿和半荫环境，耐荫性强。

【花期花语】4～7月。纯洁、幸福、清秀、纯净的爱，（白色）青春活力，（黄色）情谊高贵、志同道合，（粉红色）有诚意，（橙红色）爱情、我喜欢你。

【园林用途】大中型盆栽，地被。

【种类识别】同属相似种类——黑叶观音莲 *Alocasia × amazonica* 为一杂交种；茎短缩，叶箭状盾形，叶缘具5～7个大型缺刻，叶脉银白色，表面墨绿色，叶背为紫褐色。

花叶芋（彩叶芋）
Caladium × hortulanum

天南星科

合果芋

红叶合果芋

花叶芋

花叶芋

花叶芋

花叶芋

【形态特征】多年生草本。具扁球形块茎，黄色。叶基生，盾形，暗绿色，叶面有红色、白色或淡黄色等斑点或斑块；具长柄，基部扩展呈鞘状。佛焰苞具筒，外部绿，内部白绿，喉部通常紫色；肉穗花序黄至橙黄色。浆果白色。

【生态习性】喜高温、高湿和半荫环境，稍耐寒，不耐旱。

【花期花语】4～5月。欢喜、愉快。

【园林用途】中型盆栽，地被。

【种类识别】同科叶片极其相似种类：
1)合果芋 *Syngonium podophyllum* 多年生蔓性常绿草本，具有地上茎。幼叶箭形或戟形，老叶为5~9裂的掌状叶。叶脉白色，少有红色。一般作攀缘绿化或盆栽。
2)红叶合果芋 *S. erythrophyllum* 叶片粉红色。

龟背竹（蓬莱蕉、穿孔喜林芋、龟背蕉）
Monstera deliciosa　　　　　　　　　　　　　　　　天南星科

【形态特征】 攀缘藤本。茎粗壮，节多似竹；生有气生根。叶厚革质，暗绿色；幼叶心脏形，没有穿孔，长大后叶呈矩圆形，具不规则羽状深裂，自叶缘至叶脉附近孔裂，如龟甲图案。肉穗花序着生于顶端叶腋处。

【生态习性】 喜高温多湿和半荫的环境，耐水湿，忌干燥，耐寒性较强。生势强健。

【花期花语】 8～9月。健康、长寿。

【园林用途】 大中型盆栽，垂直绿化，切叶。

【种类识别】 同科不同属的易混淆植物——春羽 *Philodendron selloum* 两者区别见喜林芋类介绍。

喜林芋类（蔓绿绒类）
Philodendron spp.　　　　　　　　　　　　　　　　天南星科

【形态特征】 多年生草本。茎常呈蔓性或半蔓性，茎节处气根旺盛。单叶互生，叶形多样，有圆心形、长心形、卵三角形、羽状裂叶等，叶色有绿、褐红、金黄等。佛焰苞花序多腋生，不明显。

【生态习性】 喜高温高湿、有明亮散射光的环境，不耐寒。

【花期花语】 观叶，观树形。坚韧、清静。

【园林用途】 大型附柱盆栽，垂直绿化，地被。

【种类识别】 常见种类有：
1）羽裂喜林芋（春羽）*Ph. selloum* 叶羽状深裂，裂片边缘波皱。
2）羽叶喜林芋 *Ph. bipinnatifidum* 叶羽状深裂，裂片边缘平。
3）红柄喜林芋（红宝石）*Ph. imbe* 叶片长心形，全缘，叶柄、叶背面和幼嫩的新生部分常为暗红色，先端渐尖，基部心形，有光泽。
4）长心叶喜林芋（绿宝石）*Ph. erubescens* 叶长心形，先端突尖，基部深心形，浓绿色，光滑，有光泽，叶柄有鞘。
5）圆叶蔓绿绒 *Ph. oxycardium* 叶卵心形，全缘，先端渐尖，基部心形，有光泽。

绿巨人（一帆风顺）

Spathiphyllum floribundum

天南星科

【形态特征】 多年生草本。茎较短而粗壮，少有分蘖。叶片宽大，椭圆形，浓绿色，富有光泽；叶柄鞘状抱茎。佛焰苞硕大，肉穗花序白色。
【生态习性】 喜高温高湿的半荫环境，耐荫性较强，不耐寒。
【花期花语】 春末夏初。事业有成、一帆风顺。
【园林用途】 中型盆栽。
【种类识别】 白鹤芋(银苞芋、白掌)*S. kochii* 叶基生，长椭圆形，叶柄长而纤细，基部扩展成鞘状。佛焰苞高出叶丛，白色。

雪铁芋（金钱树）

Zamioculcas zamiifolia

天南星科

【形态特征】 多年生草本。具肥大的块茎。一回羽状复叶从块茎上直接抽生，叶柄基部膨大；小叶肉质，具短叶柄，浓绿色。佛焰苞绿色，肉穗花序白色。
【生态习性】 喜高温多湿及半荫的环境，稍耐干旱，忌积水，不耐寒。
【花期花语】 秋季。招财进宝、荣华富贵。
【园林用途】 中型盆栽。

朱蕉（铁树、红铁）
Cordyline fruticosa   龙舌兰科

【形态特征】 常绿灌木。茎干直立，纤细，节明显。叶集生茎顶，绿色或紫红色，披针状椭圆形，中脉明显；叶柄基部扩张，抱茎。圆锥花序生于叶腋，花淡紫色。
【生态习性】 喜高温、高湿的环境，不耐寒，怕干燥；喜明亮的散射光，烈日下叶色较差。
【花期花语】 冬季至早春。清新悦目、青春永驻。
【园林用途】 中小型盆栽，庭园绿化作色叶木。

金心巴西铁（金心香龙血树）
Dracaena fragrans 'Massangeans'   龙舌兰科

【形态特征】 常绿乔木。茎干直立。叶集生茎顶，长椭圆状宽带形，向下弯曲；绿色，中央有黄色带状条纹。圆锥花序顶生，花两性，芳香。
【生态习性】 喜高温多湿环境，不耐寒；喜散射光，耐荫性较强。
【花期花语】 秋冬季。顺利。
【园林用途】 大型盆栽，插花衬叶。

富贵竹（万年竹）
Dracaena sanderiana 'Virens'

龙舌兰科

【形态特征】常绿灌木。植株细长，直立，不分枝。叶互生，长披针形，薄革质；叶浓绿色，叶柄鞘状。有叶边缘为黄色、白色条纹的金边富贵竹、银边富贵竹。

【生态习性】生势强健。喜高温多湿和半日荫的环境，不耐寒，耐水湿。

【花期花语】观叶、观茎。竹报平安、大吉大利、步步高升。

【园林用途】中小盆栽，水养，组合造型，如"开运塔"。

富贵竹造型——船　　富贵竹造型——塔　　富贵竹造型——花瓶　　富贵竹造型——花篮　　金边富贵竹　　银边富贵竹

酒瓶兰
Nolina recurvata

龙舌兰科

【形态特征】常绿灌木。茎干直立，基部肥大，状似酒瓶。叶集生于茎顶端，细长线状，革质，下垂，叶缘具细锯齿。圆锥花序，小花白色。

【生态习性】喜明亮的散射光；喜高温湿润气候，稍耐寒，较耐旱。

【花期花语】春夏两季。落落大方。

【园林用途】中型盆栽，庭园绿化。

象腿丝兰（巨丝兰、荷兰铁）
Yucca elephantipes   龙舌兰科

【形态特征】常绿乔木。茎干粗壮、直立，有明显的叶痕；茎基常肥大。叶剑状披针形，螺旋状聚生于茎顶；革质，全缘，绿色。
【生态习性】喜半日荫，喜温暖湿润气候，耐寒力强，耐干旱。
【花期花语】7~8月。宁折不屈、直指云霄。
【园林用途】盆栽，庭园绿化。

短穗鱼尾葵（酒椰子）
Caryota mitis   棕榈科

【形态特征】丛生小乔木。叶互生，二回羽状全裂，裂片斜楔形，先端啮齿状，有褶皱，似鱼尾；叶柄和叶轴被黑色鳞秕。花单性，雌雄同株，具佛焰苞，肉穗花序大。果球形，紫色。
【生态习性】生势强健。喜高温高湿气候；全日照和半荫的环境均能适应；耐旱。
【花期花语】春季。
【园林用途】大型盆栽，庭园中丛植或列植。

袖珍椰子（微型椰子）
Chamaedorea elegans

棕榈科

【形态特征】常绿小灌木。茎秆直立，不分枝。叶羽状全裂，裂片长条形，宽约1.8cm，翠绿色，裂片11~13对。
【生态习性】不耐寒，耐阴性强。
【花期花语】3~5月。生命力。
【园林用途】植株小巧玲珑，羽叶青翠亮丽。中小型盆栽，切叶，暖地庭园中种植。

散尾葵（黄椰子）
Chrysalidocarpus lutescens

棕榈科

【形态特征】丛生灌木或小乔木。茎秆如竹，有环纹，基部略膨大。叶羽状全裂，裂片狭披针形，2列，裂片40~60对，较坚硬；叶轴和叶柄黄绿色，近基部有凹槽。
【生态习性】喜高温、高湿的半阴环境，耐阴性强，不耐寒，不耐风。
【花期花语】5~6月。优美。
【园林用途】姿态优美，是热带园林景观中最受欢迎的棕榈植物之一，是插花切叶的好材料。室内大型盆栽，切叶，暖地庭园栽培观赏。

棕竹（筋头竹、大叶拐仔棕）

Rhapis excelsa　　棕榈科

【形态特征】常绿丛生灌木。茎绿色，竹状，常有宿存叶鞘。叶掌状深裂，裂片5~10枚，裂片条状披针形，宽2~5cm，顶端阔，有不规则齿缺；叶柄顶端的小戟突半圆形。

【生态习性】喜半阴，喜酸性土壤，稍耐寒。

【园林用途】叶形秀丽，四季青翠，似竹非竹，美观清雅，富有热带风光，为目前家庭栽培最广泛的室内观叶植物之一。作大中型盆栽，庭园绿化。

【种类识别】观音竹*R.humilis*，又名小叶拐仔棕、细叶棕竹。叶掌状深裂，裂片10~20枚，宽1~2cm，顶端渐尖，并有数个紧靠的齿尖，叶柄顶端的小戟突三角形。较棕竹的裂片窄而柔软，具下垂性，裂片数量多。

观音竹

棕竹

观音竹

棕竹

第九章 藤蔓花卉

【定义】

藤蔓植物是指茎干柔弱、不能独自直立生长的藤本和蔓生植物。

【分类】

藤蔓植物可分为攀缘植物、匍匐植物、垂吊植物等。

攀缘植物：能缠绕或依靠附属器官攀附他物向上生长的植物。攀缘植物又因攀缘方式的不同可分为以下几类：

①缠绕类：茎细长，主枝或徒长枝幼时螺旋状卷旋缠绕他物而向上伸展。这一类的植物种类很多，也最常见，应用也最广泛。如庭园中常见栽培的紫藤、牵牛、茑萝、忍冬等。

②卷攀类：卷攀类的茎不旋转缠绕，以枝、叶变态形成的卷须或叶柄、花序轴等卷曲攀缠他物而直立或向上生长。常见的种类如香豌豆、炮仗花、铁线莲和葡萄科、西番莲科及葫芦科的一些植物。

③吸附类：这一类植物，茎既不缠绕，也不具备卷曲缠绕器官，但借茎卷须末端膨大形成的吸盘或气生根吸附于他物表面或穿入内部而附着向上，某些种类能牢固吸附于光滑物体，如玻璃、瓷砖表面生长，它们是墙壁、屋面、石崖、堡坎及粗大树干表面绿化的理想材料。常见的种类有爬山虎、五叶地锦和常春藤属、凌霄属及天南星科的附生性植物，如龟背竹、麒麟叶、绿萝等。

④棘刺类：茎或叶具刺状物，借以攀附他物上升或直立。这一类植物的攀缘能力较弱，生长初期应加以人工牵引或捆缚，辅助其向上到位生长。常见植物如叶子花和蔷薇属、悬钩子属的大多数种。

⑤依附类：植物茎长而较细软，但既不缠绕，也无其他攀缘结构，初直立，但能借本身的分枝或叶柄依靠他物的衬托而上升很高。如木本的南蛇藤属、胡颓子属、酸藤子属的许多种及草本的千里光等。

匍匐植物：不具有攀缘植物的缠绕能力和（或）攀缘结构的一类植物。茎有时虽细长或柔弱，但缺乏向上攀升能力，通常只匍匐平卧地面或向下垂吊，是地被、坡地绿化及盆栽悬吊应用的优良选材。常见的种类如蔓长春花、盾叶天竺葵、旱金莲、马齿苋、小叶冷水花、地锦、吊兰、阔叶吊兰、马蝶兰、虎耳草等。

垂吊植物：该类群的自然习性，既不攀缘、也不匍匐生长，植株或因附生而向下悬垂，或因枝条生出后而向下倒伸或俯垂。常见的种类如昙花、令箭荷花以及兰科植物中的一些附生种类以及木本植物垂枝桑、垂枝榆、垂枝樱花、垂枝桃、垂枝槐、垂枝梅的一些品种、木香、云南黄素馨、金钟花、非洲天门冬、夜香树等。

【园林应用】

攀缘、匍匐、垂吊植物是垂直绿化或立体绿化的基础材料，对山坡、堡坎、墙面、屋顶、篱垣、棚架、柱状体、林下绿化及室内装饰等方面具有不可取代的作用，它们是园林绿化上不可缺少的植物类群。在当今城市，建筑密集、绿化空间窄小的情况下，它们对开拓立体绿化空间，扩大绿化体量，丰富绿化形式，改善城市生态景观和环境质量更有独具的利用价值和开发应用的广阔前景。

第九章 藤蔓花卉

铁线莲（番莲、铁线牡丹）
Clematis spp.& *hybridas*

毛茛科

铁线莲

西番莲

【形态特征】 多数是木质藤本，少数是宿根直立草本。茎棕色，节部膨大。复叶或单叶，常对生。二回三出复叶，小叶狭卵形至披针形，全缘。花单生或为圆锥花序，萼片大，花瓣状，蓝色、紫色、粉红色、玫红色、紫红色、白色等，雌、雄蕊多数。

【生态习性】 耐寒（-20℃低温），喜碱性壤土，忌积水。

【花期花语】 6~9月。温柔、多愁善感。

【园林用途】 优良的垂直绿化植物和园林观花植物。可布置阳台、庭院、也可作切花。

【种类识别】 同称为"番莲"的另一种植物——西番莲 *Passiflora* spp. 是西番莲科植物，多年生草质藤本，茎具卷须，花单生，花萼片5枚，常成花瓣状，花瓣5枚，花冠与雄蕊之间具1至数轮丝状或鳞片状副花冠，紫红色与白色相间。

猪笼草（猴水瓶、猪仔笼）
Nepenthes mirabilis

猪笼草科

【形态特征】 多年生的藤蔓植物。叶柄形状通常呈椭圆形至箭形，叶柄上有一条粗大的叶脉，叶脉最后穿出叶柄，而成为卷须，在卷须的末端会形成一个瓶状的捕虫器。茎顶抽出一根花轴，上面着生许多花梗近乎等长的小花。

【生态习性】 喜明亮的光照、温暖潮湿的环境。

【花期花语】 终年开花。财源广进、诸事顺利。

【园林用途】 盆栽，垂吊。

【种类识别】 与猪笼草同为食虫植物的还有：

1) 瓶子草（荷包猪笼）*Sarracenia* spp. 属于瓶子草科植物，无茎，叶丛生，莲座状，叶圆筒状，具倒向毛，使昆虫能进但不易出。花葶直立，花单生，下垂，黄色或绿紫色。喜温暖、湿润、阳光充足环境，较耐寒。花期4~5月。

2) 捕蝇草 *Dionaea muscipula* 属茅膏菜科植物，植株低矮，叶莲座状着生，叶柄宽大，扁平；叶片变态为蚌状捕虫叶，近圆形，分成两半，沿中脉可闭合，边缘密生刺毛；当昆虫进入后，叶片迅速关闭并产生黏液，将其消化。喜温暖、湿润和半荫的环境。花期5~6月。

旱金莲（金莲花、旱荷、金钱莲、大红雀）
Tropaeolum majus　　　　　　　　　　　　　　旱金莲科

【形态特征】一年生或多年生蔓性草本植物。叶圆盾形，全缘，叶柄细长。花腋生，花梗长，5枚萼片中的1枚，向后延伸成距，花瓣5枚，具爪，有黄、红、赭、乳白等色。
【生态习性】喜光，不耐寒，忌夏季高温酷热，不耐涝。温暖地区作多年生栽培。
【花期花语】2~5月，环境适宜全年开花。一般通过花期调整作迎春花卉，元旦或春节开花。爱国心、胜利。
【园林用途】室内盆栽，街头绿地摆放，设支架造型。

三角梅（叶子花、簕杜鹃）
Bougainvillea spectabilis　　　　　　　　　　　紫茉莉科

【形态特征】常绿攀缘状灌木。枝具刺、拱形下垂。单叶互生，卵形全缘或卵状披针形，被厚茸毛，顶端圆钝。花黄绿色，常3朵簇生于3枚较大的苞片内，苞片卵圆形，有单瓣、重瓣之分，鲜红、橙黄、紫红、乳白等色，为主要观赏部位。
【生态习性】喜光、喜温暖湿润气候。
【花期花语】10月至翌年6月初。热情、坚韧不拔、顽强奋进。深圳市花。
【园林用途】花架、花柱、绿廊、拱门和墙面的装饰，还可作盆景、绿篱及修剪造型。

第九章 藤蔓花卉

香豌豆（花豌豆）
Lathyrus odoratus

蝶形花科

【形态特征】 一、二年生蔓性攀缘草本植物，全株被白色毛。茎棱状有翼，羽状复叶，仅基部两片小叶正常，先端小叶变态形成卷须，花具总梗，腋生，着花 1~4 朵，花大蝶形，有紫、红、蓝、粉色，并具斑点、斑纹，芳香。
【生态习性】 喜冬暖夏凉气候，沙壤土。
【花期花语】 夏、冬、春。（中）回忆，（西）出发、别离。
【园林用途】 垂直绿化材料，地被植物，盆栽观赏。
【种类识别】 与同科植物蔓花生 *Arachis duranensis* 易混淆。蔓花生花为腋生，蝶形，金黄色。详见 P175。

欧洲常春藤（洋常春藤、英国常春藤）
Hedera helix

五加科

【形态特征】 常绿攀缘藤本。茎节着生气生根，小枝有星状毛。叶常5裂，有时为卵状不分裂，品种很多，叶色变化丰富。
【生态习性】 耐荫，喜温暖，稍耐寒，喜湿润，不耐涝。
【花期花语】 感化、爱的延续、友谊。
【园林用途】 盆栽垂吊、墙面绿化、假山石及篱垣覆盖。
【种类识别】 同属易混淆种——常春藤（中华常春藤）*H.nepalensis var.sinensis* 常绿大藤本，叶不裂或2~3浅裂，伞形花序单生或2~7簇生。花黄白色，芳香。

洋常春藤　　　　　常春藤　　　　　洋常春藤

飘香藤（双喜藤、文藤、红蝉花）　　　　　　　　　夹竹桃科
Mandevilla sanderi

【形态特征】 多年生常绿藤本，根茎纤细。叶对生，长卵圆形，先端急尖，革质，叶面有皱褶，叶色浓绿并富有光泽。花腋生，花冠漏斗形，花色有红、桃红、粉红等。

【生态习性】 喜光、喜暖、喜湿润。原产南美洲。

【花期花语】 夏秋，管理得当四季开花。

【园林用途】 花大色艳，是热带藤本植物的皇后。室内盆栽，阳台垂吊，室外篱垣、棚架、小型庭院美化。

蔓长春花　　　　　　　　　　　　　　　　　　　　夹竹桃科
Vinca major

【形态特征】 蔓性半灌木。茎平卧，花茎直立。叶椭圆形，对生，边缘有毛，具短柄。花较大，单生叶腋，萼小，花冠有筒，漏斗状5裂，花蓝色。

【生态习性】 喜光也较耐荫，稍耐寒，喜温暖湿润环境。

【花期花语】 3~4月。

【园林用途】 盆栽垂吊，地被。

花叶蔓长春花

蔓长春花

蔓长春花

第九章　藤蔓花卉

吊金钱（爱之蔓、吊灯花、心叶蔓）
Ceropegia woodii

萝藦科

【形态特征】 多年生肉质植物。茎细长可匍匐于地面或悬垂。叶心形，对生，叶面上有灰色网状花纹，叶背为紫红色。成熟植株会开出红褐色、壶状的花。

【生态习性】 性喜温暖。光线充足时，其生长繁茂，在散射光的条件下生长更好。较耐旱。

【花期花语】 4~9月。我爱你、心心相印。

【园林用途】 盆栽垂吊观赏。

球兰（樱花葛、绣球花藤）
Hoya carnosa

萝藦科

【形态特征】 多年生蔓性草本。节间有气根，能附着他物生长；叶对生，厚肉质，叶色全绿。花腋生或顶生，球形伞状花序，花白色或浅肉色，中心有红点。有白色斑叶、红色斑叶、卷曲叶、针形叶或长菱形叶等不同的栽培品种。

【生态习性】 喜温暖、潮湿环境。

【花期花语】 5~6月。青春美丽。

【园林用途】 附植木柱、吊盆观赏。

金银花（忍冬、金银藤、双花）
Lonicera japonica　　　　　　　　　　　　　　　　　　　忍冬科

- 【形态特征】半常绿缠绕藤本，枝细长中空。单叶对生，卵形或椭圆形，全缘。花成对腋生，苞片叶状；花冠二唇形，初开为白色，后转黄色，故得名。
- 【生态习性】喜光也耐荫，耐寒，耐旱，耐水湿，对土壤要求不严，酸碱土壤上均能生长。
- 【花期花语】6~8月。有鸳鸯成对、厚道之意，是白羊座守护花。
- 【园林用途】篱垣、阳台、绿廊、花架、凉棚、盆栽。
- 【种类识别】红花金银花（贯叶忍冬）*L. syringantha* 花冠为红色，是夏季优良的垂蔓花卉。

红花金银花

金银花

金银花

红花金银花

一串珠（翡翠珠、绿串珠、绿之铃、项链花）
Senecio rowleyanus　　　　　　　　　　　　　　　　　　菊科

- 【形态特征】多年生肉质草本。茎纤细，线形，匍匐生长。单叶互生，肉质球状，深绿色，具一半透明纵纹。开花时呈筒状小花，呈灰白色。
- 【生态习性】较耐旱，怕高温潮湿。
- 【花期花语】9~12月。倾慕。
- 【园林用途】盆栽垂吊观赏。
- 【种类识别】大弦月城 *S.herreianus* 叶肉质卵圆形，头尖，淡灰绿色，表面有数条透明纵纹。

大弦月城

大弦月城

一串珠

第九章　藤蔓花卉

牵牛（喇叭花、朝颜花、大花牵牛）
Ipomoea nil(Pharbitis nil)

旋花科

【形态特征】一年生蔓性缠绕草本花卉。蔓生茎细长，全株多密被短刚毛。叶互生，叶阔心脏形常呈3裂。聚伞花序腋生，1朵至数朵。花冠喇叭样。花色丰富，有蓝、绯红、桃红、紫或混合色。

【生态习性】喜光，性强健，较耐干旱、盐碱。

【花期花语】6~10月。爱情、冷静、虚幻。

【园林用途】小庭院及居室窗前遮荫、小型棚架、篱垣的美化，也可作地被栽植。

【种类识别】

1) 牵牛 *I. nil (P.nil)* 叶浅3裂，花大。
2) 圆叶牵牛 *I.purpurea (P.purpurea)* 叶阔心脏形，全缘，有白、玫红、莹蓝等色。
3) 三裂叶薯 *I. triloba(P.triloba)* 叶全缘或3裂，聚伞花序腋生，花小而多。
4) 五爪金龙 *I.cairica(P.cairica)* 叶掌状五深裂，花淡紫红色。
5) 打碗花（篱天剑）*Calystegia hederacea* 叶三角状卵形，先端渐尖，基部箭形或耳形。花单生叶腋，花梗长，花苞片2片，状似一碗打破后开裂，故名打碗花。

厚藤（马鞍藤、马蹄草、海薯、爬藤花）
Ipomoea pes-caprae　　　　　　　　　　　　　　　　　　　　旋花科

【形态特征】多年生草本，茎匍匐地面。叶互生，厚革质，叶顶凹陷，形如马蹄。聚伞花序腋生，花冠漏斗状，紫红色，雄蕊和花柱内藏。
【生态习性】喜光，不耐寒，耐盐碱，喜沙土。
【花期花语】四季开花，夏天为盛花期。
【园林用途】热带、亚热带海滨沙滩上的优势种群，是作海滩固沙的良好地被。

茑萝（羽叶茑萝、五角星花、游龙草）
Quamoclit pennata　　　　　　　　　　　　　　　　　　　　旋花科

【形态特征】一年生缠绕草本。茎光滑。单叶互生，羽状细裂，裂片线形，托叶与叶片同形。聚伞花序腋生，花小，花冠高脚碟状，深红色。
【生态习性】喜光，喜温暖环境。对土壤要求不严。
【花期花语】7~9月。忙碌、相互关怀、互相依附。
【园林用途】庭院花架、花篱的优良植物，也可盆栽垂吊观赏。
【种类识别】圆叶茑萝 *Q.coccinea* 叶呈心状卵圆形，花橙色或红色，花茎顶端生4~5朵花。花期8月。生于美洲热带。

圆叶茑萝

羽叶茑萝　　羽叶茑萝

第九章 藤蔓花卉

口红花（花蔓草、大红芒毛苣苔）
Aeschynanthus spp.

苦苣苔科

【形态特征】常绿藤本，有附生性。叶对生，叶片卵形、椭圆形或倒卵形。花成对生于枝顶端，具短花梗，花冠筒状，鲜红色。

【生态习性】喜半荫，喜温暖，喜排水良好的土壤。

【花期花语】5~8月。美丽的容颜。

【园林用途】盆栽垂吊室内观赏。

【种类识别】同科易混淆种类——袋鼠花 *Anigozanthos flavidus* 多年生草本植物，叶革质，浓绿有光泽，叶片排列整齐紧凑。花色橘黄，花形奇特，中部膨大，两端小，前有一个小的开口。

口红花

口红花

袋鼠花

袋鼠花

紫鸭跖草（紫竹梅、紫叶草、紫锦草）
Setcreasea purpurea

鸭跖草科

【形态特征】多年生半蔓性草本，高20~40cm。全株紫色，茎圆柱形，柔软下垂。叶披针形，叶柄基部成鞘状。聚伞花序顶生，花下两枚苞片成贝壳状，萼片3，花瓣3，淡紫色或粉红色。雄蕊6。

【生态习性】喜光且耐荫，稍耐寒，耐旱也耐湿。

【花期花语】花期6~9月，花朵晚上闭合。随遇而安。

【园林用途】花叶俱美。作地被，室内盆栽观叶，垂吊欣赏。

【种类识别】同科种类——鸭跖草（兰花草、竹叶草）*Commelina communis* 多年生杂草（北方地区为一年生），叶绿色，花蓝色，夏秋开花。

紫鸭跖草

紫鸭跖草

鸭跖草

鸭跖草

紫鸭跖草

紫露草（水竹草）
Tradescantia virginiana　　　　　　　　　　　　　　　　　鸭跖草科

【形态特征】茎直立，高30~50cm。叶细弱有毛，线形至披针形，叶面内折，基部鞘状。花多朵簇生枝顶，蓝紫色，外被2枚长短不等的苞片，萼片3，绿色有光泽，雄蕊6，花丝毛念珠状。
【生态习性】喜光，耐半荫，耐寒。生性强健。
【花期花语】5~7月，单花开放1天。尊崇。
【园林用途】花坛，花境，盆栽室内摆设或垂吊式栽培。

吊竹梅（斑叶鸭跖草）
Zebrina pendula　　　　　　　　　　　　　　　　　　　鸭跖草科

【形态特征】多年生常绿草本。茎细弱，绿色，下垂，多分枝，节上生根。叶长圆形，叶面绿色杂以银白色条纹或紫色条纹，有的叶背紫红色。小花腋生，白色。栽培变种有四色吊竹梅、异色吊竹梅、小吊竹梅等。
【生态习性】耐荫，畏烈日直晒，喜温暖，宜沙质壤土。
【花期花语】四季赏叶，花期夏季。率真、朴实。
【园林用途】盆栽，垂吊观赏，地被。

第九章　藤蔓花卉

吊兰（折鹤兰、匍匐兰）
Chlorophytum comosum

百合科

【形态特征】宿根草本，具簇生的圆柱形肥大须根和根状茎。叶基生，条状披针形，狭长，柔韧似兰；基部抱茎，着生于短茎上。成熟的植株会不时长出走茎。花葶细长，长于叶，总状花序，数朵一簇，散生于花序轴，花白色。有金边、银边、金心等叶色变化的栽培品种。

【生态习性】喜半荫，喜温暖环境，喜沙质壤土。

【花期花语】4~8月。无奈却给人希望。

【园林用途】盆栽垂吊，地被。

金心吊兰

吊兰

吊兰

绿萝（黄金葛、魔鬼藤）
Epipremnum aureum

天南星科

【形态特征】藤长数米，节间有气根。叶互生，绿色，少数叶片略带黄色斑驳，全缘，心形。

【生态习性】性喜温暖、潮湿环境，要求土壤疏松、肥沃、排水良好。

【花期花语】全年赏叶。守望幸福。

【园林用途】盆栽垂吊观赏。

第十章 地被花卉

【定义】

地被植物是指那些植株低矮、枝叶繁茂、枝蔓匍匐、根茎发达、繁殖容易并能迅速覆盖地表的植物。在地被植物中包括有多年生草本、自播能力强的一二年生花卉、低矮丛生茂密的灌木、攀缘或缠绕覆盖地面的藤本、矮生竹类、蕨类及草坪草等。主要集中在豆科、菊科、禾本科、百合科、石蒜科、鸢尾科。为避免重复,部分适合作地被的花卉前面已有分述,本章仅介绍最常见的草本地被。

【分类】

按照生物学特性分:

草本类地被植物:如二月蓝、美女樱、葱兰、麦冬、吉祥草、鸢尾、石蒜、玉簪、紫萼、萱草、万年青、波斯菊、金鸡菊、月见草等,往往植株低矮,花色鲜艳,覆盖性强,管理粗放。

灌木类地被植物:如铺地柏、八角金盘、熊掌木、水栀子、杜鹃花、十大功劳、金叶女贞、八仙花、红檵木、紫叶小檗、臭牡丹等,具有植株低矮,分枝众多,易于修剪造型,部分具有多变的枝叶色彩与形状。

藤本类地被植物:如蔓长春花、络石、金银花、爬山虎、常春藤、葛藤等,具有耐荫性强,蔓生、攀缘性等特点。

蕨类地被植物:如肾蕨、凤尾蕨、翠云草、石韦、井栏边草、海金沙等,具有耐荫湿的特点,适宜在草坪草和阳性灌木不能生长的荫湿环境中应用。

矮竹类地被植物:如菲白竹、阔叶箬竹等,耐荫性强,低矮、匍匐生长。

【园林应用】

地被植物因植株低矮、生长快、繁殖力强、管理粗放、覆盖面积大、具有良好的观赏性,因而常作为乔、灌、草结构的植物生态群落的下层,实现黄土不露天,美化环境的效果。地被植物种类多,具有色彩丰富的叶片、艳丽的花与果,可观花(如宿根天人菊、二月蓝)、观叶(如金边阔叶麦冬、紫叶酢浆草)、观

果（如蛇莓、朱砂根），为城市建设营造多层次、多季相、多质感的立体景观，在植物配置中起到锦上添花的作用，提高绿化效果，丰富园林景观。

地被植物的配置首先要因地制宜。了解场地的立地条件和所用地被植物的生态特点是合理配置的前提。耐荫地被如常春藤、沿阶草、白蝴蝶、吉祥草、虎耳草、玉簪、大吴风草等适宜在常绿乔灌木下配置使用；阴湿环境下适宜种植玉簪、虎耳草、万年青、鱼腥草、蕨类等地被植物；疏林中可配置八仙花、佛甲草、垂盆草、石蒜、蔓长春花；疏林中光线充足处可选用喜光地被，如观花的常夏石竹、大金鸡菊、萱草类、鸢尾类、蔓锦葵等；林缘可用金叶亮绿忍冬、金山绣线菊、金叶小檗、月季等灌木或藤本来活跃气氛，用多年生色叶草本地被植物如玉带草、金边阔叶麦冬、金叶苔草、紫叶酢浆草等为林缘增加靓丽的色彩，或布置成图案景观，或作花境材料；花架、边坡、假山上可布置耐瘠薄、覆盖率高、扩展力强的地被，如木香、香花崖豆藤、腺萼南蛇藤、川鄂爬山虎等；岩石上可配置虎耳草、络石、薜荔等；台阶、石隙间可种植石蒜类、阔叶麦冬等；盐碱地用多花筋骨草、金叶过路黄；旱地上用德国景天、宿根福禄考等；湿地用溪荪、鱼腥草等。

其次，地被植物应用要高低搭配适当。做到错落有致，群落层次分明。上层乔木分枝点高的种类少时，可用八角金盘、洒金珊瑚、熊掌木、十大功劳、金丝桃、杜鹃、绣线菊、长柱小檗、八仙花、臭牡丹等植株较高的木本地被填充垂直空间，反之，用小叶扶芳藤、活血丹、蔓长春等匍匐生长的地被。种植场地开阔，上层乔灌木稀疏时可用较高的喜光地被，如鸢尾、萱草等。种植面积小，应配置佛甲草、金叶过路黄等较低矮地被。地被植物的混合种植，通过地被植物本身高低搭配，色彩相间，观赏期交错，提高观赏价值。如白穗花＋天胡荽，鸢尾类＋金叶景天/金叶过路黄，石蒜类＋沿阶草/金叶过路黄/垂盆草，紫叶酢浆草＋吉祥草/金叶过路黄，二月蓝＋紫茉莉，葱兰＋韭兰。

再有，色彩搭配要和谐。地被植物种类很多，有不同的叶色、花色、果色，在不同的季节里显出不同的效果。如深绿色叶的沿阶草、常春藤，黄色叶的金叶过路黄、金山绣线菊，紫红色的紫叶酢浆草、紫锦草，白色花叶的银边沿阶草、花叶野芝麻，黄红相间的花叶鱼腥草，黄色花叶的金边阔叶麦冬、金脉大花美人蕉。花色五彩缤纷的鸢尾类、石蒜类，开白花的白花酢浆草、水栀子，粉红花的八宝景天、红花酢浆草，开红花的火星花、剪夏罗，开蓝花的蔓长春、多花筋骨草。红果的蛇莓、紫金牛，黄果的黄果金丝桃。不同色彩的地被植物成片栽植，与上层乔灌木搭配，丰富群落层次与景观效果。如上层乔灌木为落叶时，可选择常绿的常春藤、沿阶草、小叶扶芳藤等搭配，相反，则选耐荫性强、花色明亮的玉簪、紫萼、臭牡丹，以达到丰富色彩的目的。

华北地区广泛使用的地被植物有：二月蓝、白三叶、银叶蒿、毛叶薯草、麦冬、富贵草、景天类、百里香、玉簪、小檗属、铺地柏、蕨类、扶芳藤、地被石竹、蛇莓、波斯菊、箬竹、紫花地丁、鸢尾、萱草、活血丹、苔草属等等。

华中、华东地区广泛使用的地被植物有：二月蓝、萱草、石蒜、美女樱、太阳花、三色堇、金鸡菊、白三叶、蔓长春花、玉簪、麦冬、沿阶草、吉祥草、鸢尾、金叶过路黄、石竹、景天类、八角金盘、熊掌木、洒金东瀛珊瑚、水栀子、杜鹃、红檵木、箬竹、千头柏、金丝桃、绣线菊类、常春藤、爬山虎、葛藤、花叶扶芳藤等。

华南地区广泛使用的地被植物有：大叶红草、花叶艳山姜、蜘蛛兰、春羽、蔓花生、肾蕨、蟛蜞菊、小蚌花、白蝴蝶、吊竹梅、彩叶草、合果芋、大叶仙茅、吉祥草、沿阶草、蔓马缨丹、竹芋类、冷水花、金叶假连翘、龙船花、红背桂、八角金盘、东瀛珊瑚、红桑、爬山虎、肾蕨等。

西南地区广泛使用的地被植物有：葱兰、麦冬、鸢尾、蝴蝶花、萱草、冷水花、吊竹梅、一叶兰、蜘蛛兰、忽地笑、石蒜、百子莲、黄精、马缨丹、花叶常春藤、花叶蔓长春、野芝麻、富贵草、大叶仙茅等。

第十章　地被花卉

鱼腥草（蕺菜、臭灵丹、折耳根）
Houttuynia cordata　　三白草科

【形态特征】多年生草本。株高20~50cm，全株有鱼腥味。叶互生，心形，叶背紫绿色。穗状花序顶生或与叶对生，基部4枚大型白色花瓣状苞片，花小，无花被。有叶片具花斑的变种。
【生态习性】喜温暖、湿润、半荫环境。
【花期花语】4~9月。血液前进的力量——脉动、活力。
【园林用途】地被覆盖性好，花时星星点点，在夏日里略显凉意。于水沟、山坡、林下阴湿地，作地被、花境，点缀池塘、假山、水族箱。

鱼腥草

花叶鱼腥草

鱼腥草

鱼腥草

诸葛菜（二月蓝）
Orychophragmus violaceus　　十字花科

【形态特征】二年生草本。株高20~70cm，茎直立。基生叶耳状，下部叶羽状分裂，中上部叶三角卵状抱茎。总状花序顶生，花瓣4枚，具长爪，淡蓝色。
【生态习性】耐寒、耐荫，适应性强。华北、东北亦能露地过冬。
【花期花语】3~5月。朴素。
【园林用途】花色淡雅、花期长。在华东、华中作早春园林中的阴地及林下观花地被，或作花径。

虎耳草（石荷叶、金线吊芙蓉、耳朵红）
Saxifraga stolonifera

虎耳草科

【形态特征】多年生常绿草本，全株有毛，株高20~40cm。匍匐茎细长，叶基生，肉质，广卵形或肾形，基部心形或截形，边缘有不规则钝锯齿，上面有白色斑纹，下面紫红色或有斑点，两面均有白色伏生毛。圆锥花序，稀疏；花小，两侧对称，萼片5，不等大，卵形；花瓣5，白色。有花叶的栽培品种。

【生态特点】喜半荫，凉爽，空气湿度高，排水良好。

【花期花语】5~8月。真切的爱情。

【园林用途】岩石园，林下，室内盆栽，垂挂。

红蓼（荭草、东方蓼、狗尾巴红）
Polygonum orientale

蓼科

【形态特征】一年生草本。花序侧垂，淡红、红或白色。果穗红色。

【生态习性】喜温、潮湿向阳环境。

【花期花语】秋季。离愁别绪、荣耀。纳兰有"燕子矶头红蓼月，乌衣巷口绿杨烟"，琼瑶有"江南江北蓼花红，都是离人眼中血"的诗句。

【园林用途】疏林下地被、切花。为水际湿地秋季自然景色中不可缺少者。

第十章 地被花卉

赤胫散
Polygonum runcinatum

蓼科

【形态特征】多年生草本，株高30~50cm。根茎细长，茎具紫红色，有沟纹。叶互生，三角状卵形，叶柄基部成耳状抱茎。春叶暗紫色，上有白色斑纹，随后的叶边缘部分为绿色，仅中央和主脉为紫红色。头状花序顶生，白色或粉红色。
【生态习性】喜阴湿，忌暴晒，耐寒。
【花期花语】6~8月。
【园林用途】茎、叶奇特，抗逆性强。溪边、沟旁、林下阴湿地、灌丛旁等处大面积种植作观叶地被，花境。

红花酢浆草（铜锤草、酸味草）
Oxalis corymbosa

酢浆草科

【形态特征】多年生草本。块茎鳞茎状，肉质球形，无地上茎。植株簇生。掌状三出复叶基生，小叶倒心形，叶柄长，小叶无柄，叶下面全部散生橙黄色腺体。聚伞花序5~14朵，花茎自基部抽出，花梗长，花瓣内部粉红色，基部淡绿色，有红色条纹，外面白色略带淡绿色。花在白天和晴天开放，夜晚闭合下垂。
【生态习性】喜光，耐半荫、湿润，耐旱，忌积水。
【花期花语】4~11月。渴望被爱、亮丽、绝不放弃、友好。
【园林用途】花繁叶茂，适应性强，是优良的观花观叶地被。布置花坛、花境、树穴，点缀岩石园、石隙。
【种类识别】
1)酢浆草 *O. corniculata* 原生种。无膨大的鳞茎，花、叶均较小，花黄色。
2)紫叶酢浆草 *O.violacea* 'Purple Leaves' 小鳞茎多数，叶紫红色，花淡红色。
3)多花酢浆草 *O. martiana* 与红花酢浆草在叶片、花序、花瓣及雄蕊上都有区别。多花酢浆草叶大，叶下面仅边缘有橙黄色腺体；伞形花序有花6~25朵，花瓣内面紫红色，基部色深，有深色脉纹；雄蕊长于雌蕊；栽培应用中有白色变异种。

白三叶（白车轴草）
Trifolium repens

含羞草科

【形态特征】 多年生常绿草本。丛生状，株高25~50cm。掌状3小叶，倒卵形，叶缘细锯齿，先端凹缺，基部楔形，叶中部横贯一条白色斑纹。头状花序腋生，高出叶丛，白色。
【生态习性】 耐热、耐寒、耐干旱、不耐盐碱，喜光耐半荫。耐践踏。
【花期花语】 4~11月。三片叶分别代表祈求、希望、爱情，四叶及以上的三叶代表幸福。
【园林用途】 花期长，繁衍力强，覆盖效果好。庭院、广场、林缘、疏林草地下大面积种植，护坡。
【种类识别】 同属种类——红车轴草 *T. pratense* 花紫红色。常与白车轴草混种。

蔓花生
Arachis duranensis

蝶形花科

【形态特征】 多年生宿根草本。茎蔓生，匍匐生长，有根瘤。叶互生，4小叶羽状复叶，倒卵形，晚7点闭合。蝶形花黄色。花、叶均似花生。
【生态习性】 耐旱、耐热、较耐荫，不耐寒。分布台湾、广东、广西、福建、海南等地。
【花期花语】 春夏秋三季。遍地黄金。
【园林用途】 花色鲜艳，花期长，抗有毒气体强，不易滋生杂草与病虫害，无需修剪，是极有前途的优良地被植物。园林绿地和公路的隔离带中作地表覆盖。
【种类识别】 同属种类——花生 *A. hypogaea* 茎直立，总状花序4~7朵开在植株基部。

第十章 地被花卉

鸡眼草（人字草）
Kummerowia striata

蝶形花科

【形态特征】 一年生草本。茎平卧或斜出，茎及枝上疏被向下倒生的毛。叶互生，托叶膜质，三出复叶，小叶长椭圆形或倒卵形，先端稍凹和截形，主脉和叶缘疏生白色毛，两侧叶脉平行排列在中脉处交叉成人字形，故名人字草。花1~3朵腋生，蝶形花冠淡红紫色。

【生态习性】 耐寒、耐旱。生于山坡、路旁、草地、林地边缘、林下的杂草丛中。

【花期花语】 7~9月。

【园林用途】 叶色深绿，叶片细小，水土保持强，是一种发展潜力大的常见野生地被。

富贵草（板凳果、转筋草）
Pachysandra terminalis

黄杨科

【形态特征】 常绿匍匐亚灌木。根茎状横卧或斜上，上部直立，高30cm。叶薄革质，菱状倒卵形，上部边缘有齿牙，基部楔形。穗状花序顶生，花小白色。有叶上具白色斑块的花叶栽培种。

【生态习性】 耐寒、耐荫、耐湿、耐盐碱能力强。

【花期花语】 4~8月。

【园林用途】 夏季顶生白色花序，冬季碧叶覆地，最适合作林下地被。山谷溪边、杂木林下、阴湿角落、建筑物背阴面作地被植物，北方盆栽。

天胡荽（满天星、破铜钱、台湾天胡荽） 伞形科
Hydrocotyle sibthorpioides

- 【形态特征】多年生草本。株高5~10cm，茎细长，匍匐生长。叶互生，肾圆形，常5裂，故名破铜钱。伞形花序单生节上，与叶对生，花瓣绿白色。
- 【生态习性】喜湿润，忌干旱、严寒。
- 【花期花语】4~5月。顽强、坚韧。
- 【园林用途】叶色苍绿，光亮，适宜作阴湿地被，花境的底色。
- 【种类识别】同名"铜钱草"的种类——香菇草（普通天胡荽）*H.vulgaris* 叶具长柄，圆伞形，叶缘钝圆锯齿。详见P102水生植物中介绍。

香菇草

天胡荽

野菊 菊科
Dendranthema indica

- 【形态特征】多年生草本。茎基部匍匐。叶互生，羽状深裂，有重锯齿，顶部片大。头状花序在枝顶排成伞房花序状，花小，黄色。
- 【生态习性】喜光、耐寒、耐旱、耐热。
- 【花期花语】9~11月。沉默而专一的感情。
- 【园林用途】抗性与适应性强，是常见野生地被花卉。花坛、花境、路旁、阳面山坡、林缘、林中空旷地。菊花杂交育种材料。
- 【种类识别】一年蓬 *Erigeron annuus* 俗名野蒿，也是一种菊科常见野生地被。二年生直立草本，高30~90cm，舌状花白色，管状花黄色，花期5~11月。

一年蓬

野菊

一年蓬

第十章 地被花卉

大吴风草(荷叶三七、橐吾)
Farfugium japonicum

菊科

【形态特征】 多年生常绿草本。叶基生,肾形,叶片大。头状花序排列成松散伞房状,黄色。有叶片具大小不等黄白色斑点的栽培品种。
【生态习性】 耐荫湿、耐盐碱、抗逆性强,忌阳光直射。
【花期花语】 7~11月。
【园林用途】 四季常绿,叶片光亮,花期长,宜在高架桥下、大树下、山谷中、建筑物背阴处、海滨丛中,庇荫处的花坛花境中。

大吴风草

斑点大吴风草

斑点大吴风草

大吴风草

马兰花（马头兰、路边菊、鸡儿肠）
Kalimeris indica

菊科

【形态特征】 多年生草本,有匍匐根茎,茎直立。叶互生,全缘。舌状花淡紫色,管状花黄绿色。
【生态习性】 喜温暖气候,适应性强。
【花期花语】 5~9月。朴实、勤俭。童谣《马兰花》中"马兰花,马兰花,风吹雨打都不怕,勤劳的人在说话,请你马上就开花"。
【园林用途】 固土护坡,大地绿化。沟边、湿地、路旁。
【种类识别】 易混淆鸢尾科的蝴蝶花*Iris japonica*（详见P75宿根花卉中介绍）和马蔺*Iris ensata*都有"马兰花"之称。马蔺同中国东北的乌拉草及南美的巴拿马草齐名于世,被称为世界上的"三棵宝草"。叶长而柔软,用它编各种草制品,花紫蓝色。

马兰花

马蔺

马蔺

马兰花

蟛蜞菊（地锦花、南美蟛蜞菊）
Wedelia trilobata

菊科

- 【形态特征】多年生草本。茎匍匐，叶对生，卵状披针形。头状花序单生枝顶或叶腋，花黄色。
- 【生态习性】喜光、喜暖、耐干旱瘠薄、耐盐碱，不耐低温。
- 【花期花语】四季有花，盛花期夏秋。延续不断。
- 【园林用途】枝叶繁茂，翠绿如茵，两广地区常见的观赏地被。常用于高速公路、城市道路两旁。

金叶过路黄（路边黄）
Lysimachia nummularia

报春花科

- 【形态特征】多年生常绿草本。茎匍匐生长，叶对生、卵圆形，金黄色，霜后变暗红。花单生叶腋，黄色。
- 【生态习性】耐荫、不耐寒。
- 【花期花语】5~7月。
- 【园林用途】植株低矮，是优良的耐荫湿观叶地被。花坛镶边、疏林下、林缘、路旁、沟边、草坪中的色块、树穴中，常与石蒜混种。
- 【种类识别】聚花过路黄 *L. congestiflora* 叶与花冠上都有黑色腺条，花2~4朵集生茎端，开花时金黄一片，观赏性强。

第十章 地被花卉

马蹄金（黄胆草、金钱草、荷包草）
Dichondra repens

旋花科

【形态特征】多年生匍匐草本。叶互生，马蹄形，鲜绿色。花单生叶腋，钟形，淡黄色。
【生态习性】喜温暖、湿润，喜光亦耐荫，耐旱、耐高温。稍耐踩踏，不耐碱性土壤。
【花期花语】4~5月。
【园林用途】低矮致密，四季常绿，叶色翠绿，抗逆性与扩展性强，为优良的观叶阴湿地被。长江流域以南作观赏草坪和交通安全草坪、花坛花境底色、固土护坡，与酢浆草混合成缀花草坪。

杜若
Pollia japonica

鸭跖草科

【形态特征】多年生常绿草本。茎直立，叶聚集茎顶，长椭圆形，暗绿色，表面粗糙。轮生聚伞花序组成顶生圆锥花序，白色。
【生态习性】耐阴湿，长江流域以南山谷林下阴湿处均有分布。
【花期花语】6~7月。
【园林用途】常绿树林下成片种植，阴湿山坡和沟谷地。

阔叶麦冬（阔叶山麦冬）
Liriope platyphylla 　　　　　　　　　　　　　　　　　　　　百合科

【形态特征】　多年生常绿草本。根状茎粗壮，局部膨大成纺锤形小块根。叶丛生，宽线形。花葶高出叶丛，总状花序长25~40cm，花多数，4~8朵簇生苞片腋内，紫色和紫红。果黑紫色，9~10月。栽培种有叶金边的、窄叶的，还有黑色的种类。

【生态习性】　耐寒、耐旱、耐阴湿。

【花期花语】　7~8月。隐藏的心、公平、信赖。

【园林用途】　四季常绿、花色美丽，观花观叶地被。花坛花境镶边，假山、岩石园中，林下大面积片植。

阔叶麦冬

金边麦冬

阔叶麦冬

沿阶草（书带草、细叶麦冬）
Ophiopogon japonicus 　　　　　　　　　　　　　　　　　　百合科

【形态特征】　多年生常绿草本。具膨大呈椭圆形或纺锤形小块根，根状茎粗短。叶基生，狭线形，主脉不隆起。总状花序短而稍下弯，短于叶丛，小花10朵左右，花淡紫色或白色。核果暗蓝色，7~8月。园艺栽培有矮生和银边品种。

【生态习性】　喜阴湿、耐寒、不耐干旱和盐碱。

【花期花语】　6~7月。公平。

【园林用途】　株丛低矮，终年常绿，耐荫湿观叶地被。花坛、花境、花台、小径镶边，山石旁，树池，林下地被。

银脉沿阶草

沿阶草

沿阶草

沿阶草

第十章 地被花卉

吉祥草（观音草、玉带草、小叶万年青） 百合科
Reineckia carnea

【形态特征】 多年生常绿草本。具根状茎，在地表或浅土中匍匐横生。3~8枚叶簇生匍匐根茎顶端，宽线形，基部渐狭成柄。花葶自叶丛中抽出，低于叶丛，穗状花序，花无柄，粉红色，具芳香。浆果球形，红色。

【生态习性】 极耐荫、忌阳光直射、稍耐寒、不耐干旱。

【花期花语】 9~10月。幸福、吉祥、如意、长久。

【园林用途】 植株低矮，四季常绿，为优良的耐荫湿地被。宜常绿乔木林下片植、湖畔、水沟边、室内盆栽。

葱兰（葱莲、玉帘、白花菖蒲莲） 石蒜科
Zephyranthes candida

【形态特征】 多年生草本。鳞茎卵形，叶基生，扁线形，稍肉质，暗绿色。花葶自叶丛一侧抽出，中空，花单生，花被片6，白色或外侧略带紫红晕。

【生态习性】 喜向阳、湿润环境、耐旱、耐寒。

【花期花语】 8~11月。安慰、快活、无忧无虑。

【园林用途】 四季葱绿，花时雅致，宜花坛、花境、草地、路旁镶边、树池、缀花草坪、疏林草地下，盆栽。

【种类识别】 同属相似种——韭兰 *Z.grandiflora* 叶扁平，花粉红或玫红，花梗长、雄蕊突出，耐寒性比葱兰差。

左葱兰 右韭兰

韭兰

葱兰

大叶仙茅(野棕、地棕、山党参、仙茅参)

Curculigo capitulata　　　　　　　　　　　　　　　　　　仙茅科

【形态特征】多年生草本。根状茎直生、圆柱形，叶基生3~6枚，披针形，叶脉折扇状。花梗腋生，比叶柄短，总状花序，4~6朵，花黄色。
【生态习性】温暖、湿润的环境。较耐寒、耐旱。长江流域以南各地均有分布。
【花期花语】4~6月。
【园林用途】树林下、道路旁、石隙作耐荫湿观叶地被，药用植物专类园。
【种类识别】叶形极相似的种类：
1)白芨 *Bletilla striata* 兰科，具假鳞茎，叶阔披针形，总状花序顶生，小花4~6朵，花紫红色、白色。
2)棕叶芦 *Thysanolaena maxima* 禾本科，多年生丛生草本，大型圆锥花序，花期春夏或秋季。

血草

Imperata cylindrical　　　　　　　　　　　　　　　　　　禾本科

【形态特征】多年生草本。高50cm，叶丛生，剑形，深血红色。圆锥花序圆柱状，高20~30cm。
【生态习性】喜光、耐旱、耐热。华中、华东能露地过冬。
【花期花语】夏末。
【园林用途】终年保持血红色彩叶。作观叶地被，片植林缘，花境，庭院。

第十章 地被花卉

阔叶箬竹（棕子叶） 禾本科
Indocalamus latifolius

【形态特征】 灌木状竹类，株高1m。节下具淡黄色粉质毛环，秆箨宿存，背部有紫棕色小刺毛，箨舌平截，小枝具叶1~3片，较大，长椭圆形，下面近基部有粗毛。笋期5月。
【生态习性】 喜温暖湿润的气候，稍耐寒、耐旱、耐半荫。轻度盐碱地也能生长。
【园林用途】 丛状密生，叶大色绿，在山谷、荒坡、疏林、林下、路边、河道作地被植物，观赏或护坡固土。

菲白竹 禾本科
Sasa fortunei

【形态特征】 灌木状竹类，株高10~30cm。节上小枝有4~7枚叶，叶披针形，上面镶嵌白色或淡黄色条纹。笋期4~5月。
【生态习性】 喜温暖湿润，耐高温、耐旱、耐寒，适应性强。喜微酸性土壤。
【园林用途】 耐荫湿彩叶地被。片植道路旁、疏林下，点缀假山石、岩石园，固土护坡，盆栽赏叶。
【种类识别】 同属中作彩叶地被竹类的还有——菲黄竹 *S. auricoma* 株高20~40cm，小叶6~8，幼叶纯黄色，后有绿色纵条，老叶绿色。叶柄短。

细茎针茅（墨西哥羽毛草、细茎针芒）
Stipa tenuissima

禾本科

【形态特征】多年生常绿草本。株高30~50cm，密集丛生，茎秆细弱柔软，叶片细长如丝状。穗状花序银白色，柔软下垂。
【生态习性】喜光，耐半荫，极耐旱。喜冷凉的气候，夏季高温时休眠。华东、华中地区引种栽培。
【花期花语】6~9月。
【园林用途】形态优美，冬季黄色时仍具观赏性，是一种极富野趣的观赏草。用于软化硬质线条，与岩石配置、路旁、小径、花坛、花境镶边、干旱的草地或疏林内。

参考文献：

1. 中国科学院植物研究所主编.中国高等植物图鉴[M].北京：科学出版社，1983.
2. 朱家等编.拉汉英种子植物名称[M]（第二版）.北京：科学出版社，1983.
3. 孙可群，张应麟，龙雅宜等．花卉及观赏树木栽培手册[M]．北京： 中国林业出版社，1983.
4. 李先源．观赏植物学[M]．重庆：西南师范大学出版社，2007.
5. 刘燕． 园林花卉学[M]．北京：中国林业出版社，2003.
6. 王意成，刘树珍，王翔．名贵花卉鉴赏与养护[M]．南京：江苏科学技术出版社，2002.
7. 吴玲．地被植物与景观[M]．北京：中国林业出版社，2007.
8. 赵家荣．水生花卉[M]．北京：中国林业出版社，2002.
9. 包满珠．花卉学[M]（第二版）．北京：中国农业出版社，2003.

附录：花卉学课程实验实习项目

通过实验实习，使学生能认识和鉴别常见花卉种类，熟悉花卉栽培管理的基本技能，培养独立分析问题和解决问题的能力，锻炼动手操作能力。结合专业发展，本附录选择性地介绍以下9个实践项目，包括室内及花圃内实验操作，校内外花卉识别和参观实习。

实验实习一　花卉的分类与识别

【目的和要求】分类与识别是花卉应用的前提，要求学生能识别常见花卉，了解每种花卉的原产地、生活型、生态习性、栽培特点、观赏特点与园林应用，并且进行系统分类，为花卉生产与园林应用提供指导。要求识别300种以上的花卉。

【场所与材料】校园、花圃、公园绿地、花卉市场。常见的各种类型的花卉200～300种。

【课时】6～8课时。其他实习过程中也可以穿插此内容。

【内容与方法】在实习过程中，在老师的指导下，记录所见到的花卉主要识别特征、生长环境、园林应用方式等，比如花卉整体外貌、花色、花型、与相似植物的区别点。实习结束后，查阅相关书籍，记载花卉主要观赏部位的详细形态描述，归纳其所属类别，并记住其名称。

【作业与思考】将每次识别实习过程中所看到的花卉作一详细介绍，包括科属、学名、形态特征、繁殖、栽培管理、园林应用等方面，每次重点记录20种。区别易混淆的花卉种类，用表格的形式记载下来。如结合所学知识，比较半枝莲、半支莲、半边莲的形态结构上的典型区别。

种类	科名	学名	花型	花色	花期
半支莲					
半枝莲					
半边莲					

再比如：总结毛茛科几种常见的花卉（飞燕草、耧斗菜、翠雀、花毛茛）的主要区别。

种类	学名	叶形	花萼	花瓣
飞燕草				
耧斗菜				
翠雀				
花毛茛				

【露地花卉（冬春季）识别】种类：羽衣甘蓝、红苋菜、金盏菊、瓜叶菊、雏菊、金鱼草、四季秋海棠、一品红、三色堇、大丽花、万寿菊、孔雀草、非

洲菊、白晶菊、勋章菊、菊花、八仙花、石竹、何氏凤仙、矮牵牛、福禄考、多花报春、旱金莲、美女樱、天竺葵、桔梗、紫罗兰、虞美人、荷包牡丹等。

【露地花卉（夏秋季）识别】种类：一串红、国庆菊、鸡冠花、万寿菊、孔雀草、千日红、黄帝菊、长春花、彩叶草、百日草、夏堇、天竺葵、大波斯菊、金鸡菊、蜀葵、黑心菊、萱草、石蒜、随意草、射干、葱兰、茑萝、牵牛花、吉祥草、红花酢浆草、老来少等。

实验实习二　不同生态环境对花卉生长发育的影响

【目的和要求】对花卉生长环境的了解，是花卉栽培和应用的前提。本项目要求了解环境条件（光、温、水、土、气）在花卉生长发育中的作用和影响以及主要园林花卉的生态习性。

【场所与材料】校园内、花圃、温室。场所内的露地栽培和温室栽培的花卉。

【课时】2课时。

【内容与方法】比较花卉在不同光照、温度、湿度、土壤条件下的生长状况。如比较在温室中和露地栽培，建筑物南面和北面、草地和林下、水边和山地等不同生态条件下同种花卉的生长有何影响。同时记录具有典型生态特征的花卉，进行标记和分类。

【作业与思考】对林下和建筑物南面栽种的鸭脚木和美女樱（种类根据校园内植物而定）的生长情况作一个详细描述，说明光照对花卉生长发育有何影响。温室中的菊花要采取什么措施来提前或推迟开花？其中的原理是什么？

实验实习三　花卉园艺设施的参观与认识

【目的和要求】了解栽培设施的类型及结构、设计、应用特点，为花卉进行保护栽培，满足一定的生产需求提供指导。

【场所与材料】苗圃、温室。苗圃内的各类大棚及温室，皮尺，钢卷尺。

【课时】2课时。

【内容与方法】参观各类温室、塑料大棚、荫棚等，比较其建筑形式、结构、建筑材料、大小尺度、各项性能的优缺点，以及在栽培中的作用。分组进行某些性能指标测定。如温室跨度，南向坡面倾斜度，繁殖床高、宽，室内照度、温湿度等。同时，参观温室内的智能降温、增湿、灌溉、病虫害防治等设施。

【作业与思考】对各类园艺设施进行简单描述和评价、对其各自优缺点进行分析。

实验实习四　花卉的繁殖——扦插繁殖实验

【目的和要求】了解与掌握花卉的常见繁殖方式、原理及技术要点。

【场所与材料】校内花圃。无土基质、铲、枝剪、水壶、菊花、虎皮兰、豆瓣绿、秋海棠、育苗盘（床）。

【课时】2课时。

【内容与方法】以扦插繁殖为例，学生分组，在扦插床上进行各种扦插操作，之后浇水、保湿，观察记录生根及生长情况。具体过程与方法：

片叶插：以虎尾兰叶片为材料，将叶片横切成5cm左右小段，将下端插入沙中，使每块叶片上形成不定芽。注意上下不可颠倒。

茎插：以菊花芽枝为材料，用剪刀截取长5～10cm的枝梢部分作为插穗，注意切口平剪且光滑，位置靠近节下方。去掉插穗部分叶片，保留枝顶2～4片叶子。整理繁殖床，要求平整、无杂质、土壤含水量50%～60%左右。将插穗插入沙床中2～3cm。喷雾保湿，保证土壤适当的湿度，提供生根环境。

全叶插：以豆瓣绿完整叶片为材料，将叶柄插入沙中，叶片立于沙面上，叶柄基部就发生不定芽（直插法）。以秋海棠全叶为材料，切去叶柄，按主脉分布，分切为数块，将叶片平铺沙面上，以铁针或竹针固定于沙面上，下面与沙面紧接。而自叶片基部或叶脉处产生植株（平置法）。

【作业与思考】一段时间后，按以下表格记录实验生根情况。

扦插实验记录表　　　　　　　　　　　　　　　　　　记录日期：

种类	扦插方法	扦插日期	扦插株数	激素浓度处理时间	插条生根情况			生长株数	成活率	备注
					生根部位	生根数	平均根长			

实验实习五　花卉的栽培管理——上盆和换盆

【目的和要求】了解温室花卉管理中的上盆和换盆的意义，掌握上盆与换盆的时机及操作技术要点。

【场所与材料】校内花圃。铁锹、枝剪、花盆、培养土、金盏菊等播种苗或山茶等盆花、瓦片等。

【课时】2课时。

【内容与方法】

上盆：将扦插、播种、嫁接等方式获得的幼苗从苗床掘起，移植到花盆中。操作时注意瓦片凹面朝下，盆底用粗砾或碎瓦片填充，以利排水，然后填培养土至盆高的2/3。左手拿苗，右手填培养土到苗根周围，用手压紧，注意保持与盆口3～5cm高度。

换盆：给老株换新盆时，一手托盆上将盆倒置，一手以大拇指通过排水孔下按，直至土球脱落，然后修剪根系，去除老残根，换到大花盆中。上足盆土后，沿盆边按实，浇足水，保持土壤湿润，直至生新根。

【作业与思考】为什么要上盆和换盆操作？操作过程中要注意什么细节？

附 录

实验实习六　花卉的整形与管理——以菊花的整形与管理为例

【目的和要求】 整枝、修剪、摘心、抹芽等栽培管理手段，具有控制盆花的株型、生长方向和高度、调节花期和增加花量等作用。通过本次实验，掌握菊花或一般花卉盆花整形的基本手段和方法，以及造型过程中的养护管理。

【场所与材料】 校内花圃。盆栽菊、支架、枝剪、肥料等。

【课时】 2课时。

【内容与方法】

整形：(1)一段根法：用扦插繁殖的菊苗栽种后形成开花植株，上盆一次填土，整枝后形成具有一层根系的菊株。(2)二段根法：用菊花扦插苗上盆，第一次填土1/3～1/2；经整枝摘心后形成侧枝，当侧枝长至一定长度时，分1～2次将其移入盆内；覆土促根。

摘心与抹芽剥蕾：盆菊摘心依栽培类型而定，以独本菊和多本菊为例。(1)独本菊：将秋末冬初选定"脚芽"扦插后，4月初移至室外，分苗上盆；5月底摘心，留高7cm左右；当茎上侧芽长出后，顺次由上而下逐步剥去，选留最下面的一个侧芽；8月上旬当所选留芽长至3～4cm时，从芽以上2cm处将原有茎叶全部剪除，完成更新；入秋后依植株大小换盆，并加施底肥，以促进根系及加速植株生长。(2)多本菊：通常留花3～5朵，多者7～9朵，以奇数为好。当苗高10～13cm时，留下部4～6个叶摘心；当侧枝生4～5片叶时，留2～3叶再次摘心；每次摘心后，除需要保留的侧芽外，其余及时剥去，以集中营养供植株生长；侧芽15～20cm时，定植于25cm盆中，并加大盆土中腐叶土比例；9月现蕾后，每枝顶端花蕾较大，开花早，下方3～4年侧蕾，应分2～3次剥去，保证顶蕾(或正蕾)开花硕大。

管理：苗生长期应经常施肥；浇水要充足，尤以花蕾出现后需水更多；为防倒伏，应设支架。

【作业与思考】 (1)盆花造型有哪些方法与途径？比较其优缺点。 (2)其他造型菊的关键技术是什么？ 如何鉴赏？

实验实习七　花卉的露地应用形式与调查

【目的和要求】 了解花卉露地应用的常见形式、应用地点、应用效果等。要求能进行简单的花卉花坛、花境设计。

【场所与材料】 城市街头和公园绿地，尤其是节日的街头。卷尺、画笔、速写本等。

【课时】 2课时。

【内容与方法】 目测和尺量花坛或花境的长宽高，识别花卉种类，统计其数量、高度、花色等观赏特征，总结花卉应用形式和应用效果，绘制平面图和立面效果图。

【作业与思考】 设计一花坛或花境。以实习过程中见到的花坛或花境背景为环境，设计一节日花坛或宿根花境。要求画平面图、局部效果图和写设计说明书，列植物名录表（包括中文名、拉丁名、株高、花色、花期等）。思考草本花卉的露地应用与木本花卉的园林应用各有什么特点？

实验实习八　水仙球雕刻造型与养护

【目的和要求】了解水仙雕刻造型的意义、原理及技术，掌握基本的雕刻技巧及水仙球的水养技术。

【场所与材料】实验室内。水仙球、雕刻刀、脱脂棉、牙签、水仙盆等。

【课时】2课时。

【内容与方法】

一：水仙球的雕刻造型，能降低植株高度，提前开花，用于造型等用途。

1) 切削鳞片　剥去外层棕褐色鳞片、护根泥等，判断水仙头的生长方向，把顶端弯的叶芽尖向上对着自己，用左手握紧球，右手拿雕刻刀。在花球靠底部1/4或1/3或由根部向上1cm处开始，沿着和底部相平行的一条弧线轻轻切进，把上部2/3的鳞片从正面逐层剥掉，至露出叶芽为止。

2) 刻叶苞片　在叶芽周围下刀，把鳞片、叶苞片一层层刻掉，留下1/4厚度的鳞茎作花球后壁，最后将叶芽外面包被的一层光滑的鳞瓣片剥掉，使叶芽外露。小心不可伤及花芽，否则成哑花。

3) 削叶缘　把叶缘从上到下，从外到内叶削去1/3~1/2，使植株低矮，叶片卷曲，割除程度越大，卷曲程度越大。

4) 雕刻花梗　待花梗长出后，在你希望花朝向的那一面削1/4，为使花茎矮化，可以在幼花茎基部用针头略加戳伤。

5) 雕侧球　侧球多半只有叶芽，间或也有花芽，根据造型需要决定去留，雕刻方法同前。牙签用于固定小子球与母球的造型和定型。注意雕刻后洗手，水仙黏液有毒。

二：水仙球的水养，与其营养生长及开花都有直接关系。

1) 漂水泡净　雕刻完毕，用水浸泡或流动的水漂洗，直至把切口黏液洗净，防止花球霉变与腐烂。

2) 盆中定植　置于盆中定植，用脱脂棉花盖住切口及根部，保温保湿。定植时，花球后壁平放盆里，让花、叶、根须部两头翘起，促使叶片、花梗顺势卷曲起来。前面3~4天在阴凉处，之后移至阳光充足地培养。换水时，注意不可幅度太大，以免伤及幼根。此过程中加浓度为0.1%的多效唑，浸泡2~5天，以便降低植株高度。

3) 光照条件　待叶芽开始回青，可将养植盆全日置于阳光下，过早会造成叶芽干黄。如连续一星期处于晴暖阳光处，能促花提早1~2天开放，反之，则推迟花期。

4) 控制花期　气温和阳光直接影响花期，如距预定开花日5~6天花蕾外的苞膜尚未自然绽开，可人工撕破，接受日光，减少苞膜束缚，达到预定开花的目的。

【作业与思考】家养水仙叶片细长、植株瘦高是什么原因？　画水仙球的解剖图，记录雕刻的过程与步骤。

附 录

实验实习九　室内花卉识别与装饰应用

【目的和要求】识别常见的室内观花与观叶植物，了解其生态特点和装饰意义，掌握室内观花观叶植物的应用特点、应用场所和形式。要求重点掌握的种类：君子兰、米兰、朱顶红、茉莉花、秋海棠类、蒲包花、仙客来、非洲凤仙、凤梨类、各类椒草、各类兰花、绿萝、巴西铁、发财树、富贵竹、吊兰、文竹、红掌、白鹤芋、广东万年青类、春羽、龟背竹、竹芋类等。

【场所与材料】花卉市场，大型宾馆，办公楼，会议室。室内花卉。

【课时】2课时。

【内容与方法】识别常见室内观花和观叶植物；根据实地摆放位置与老师的现场介绍，了解其生态特点；测量植株高度，记录观赏特点；评价应用效果。

【作业与思考】根据室内花卉的生态习性和观赏特点，将实习过程中见到的室内花卉进行分类。如根据观赏特点分类成观花类、观果类、观叶类、垂吊类。观叶类又分为大型、中型、小型。根据生态习性，分为耐荫、耐半荫、喜光类。然后根据分类结果指导其应用，如摆放位置、应用方式（垂吊、挂靠、摆放、立地等）、艺术搭配（色彩、形体、质感）、文化内涵。

附表：常见易混淆花卉种类识别表

制表说明：为便于快速识别常见易混淆的花卉种类，针对观赏性状而言，从营养器官的叶及生殖器官的花两个主要性状进行识别描述。特别明显的特征提炼出来，部分相似形态不再复述。语句但求通俗易懂。

1. 毛茛科不同属的飞燕草、翠雀、耧斗菜、花毛茛

	学名	叶	花萼	花瓣	主要观赏部位
飞燕草	Consolida ajacis	掌状细裂	5枚，花瓣状，1萼距，上举	2枚，联合	花萼
翠雀	Delphinium grandiflorum	掌状三深裂	5枚，花瓣状，1萼距，下延	2枚，离生	总状花序和花萼
耧斗菜	Aquilegia vulgaris	二至三出复叶	5枚，花瓣状，下延成5萼距	5枚	花萼及花瓣
花毛茛	Ranunculus asiaticus	二回三出复叶	5枚，绿色，早落，无萼距	重瓣	花瓣

2. 石竹科石竹属(Dianthus)的石竹、须苞石竹、常夏石竹、瞿麦

	学名	常用俗名	花序	其他显著特征
石竹	D.chinensis	中国石竹	单生或2~3朵簇生	
须苞石竹	D.barbatus	美国石竹	密聚伞花序，花小而多	
常夏石竹	D.plumarius	地被石竹	2~3朵簇生，花小	植株低矮，茎叶细小，被白粉
瞿麦	D. superbus	野麦	单生或稀聚伞花序	花瓣深裂，具长爪

3. 不同科的半支莲、半枝莲、半边莲

	学名	科名	花特征
半支莲	Portulaca grandiflora	马齿苋科	簇生，花冠辐射对称，花瓣5
半边莲	Lobelia chinensis	桔梗科	顶生，花冠两侧对称，花开半边
半枝莲	Scutellaria barbata	唇形科	2朵对生叶腋，偏向一侧，花冠二唇形

附表

4. 报春花科报春花属 (*Primula*) 的报春花、四季报春、中国报春、欧洲报春

	学名	俗名	叶	花葶高(cm)	花	花期
报春花	*P. malacoides*	小种樱草	叶柄长、叶缘齿裂	20～30	伞形花序 3～7层	冬春
中国报春	*P. sinensis*	藏报春、大种樱草	叶柄长、叶缘羽裂、叶背红色	20～30	伞形花序 1～3层	春
四季报春	*P. obconica*	鄂报春、四季樱草	叶缘浅裂、叶面光滑	20	伞形花序	四季
欧报春	*P. vulgaris*	欧洲报春	叶面皱褶	5～10	单花顶生	早春

5. 锦葵科不同属的黄秋葵、芙蓉葵、蜀葵、锦葵、蔓锦葵

	学名	株形	叶	花
黄秋葵	*Abelmoschus moschatus*	直立高大	掌状5～9深裂至基部	花大，单生枝顶或叶腋
芙蓉葵	*Hibiscus grandiflorus*	直立高大	叶卵形、不裂	花大，总状花序
蜀葵	*Althaea rosea*	直立高大	3～7浅裂	花大，单生或近簇生叶腋，排列成总状花序
锦葵	*Malva sinensis*	直立高大	浅裂	花小，数朵簇生叶腋，花瓣先端凹，5花瓣成倒三角形
蔓锦葵	*Callirhoe involucrate*	蔓性低矮	深裂至中部	花小，单生叶腋

6. 菊科万寿菊属 (*Tagetes*) 的万寿菊和孔雀草

	学名	株高(cm)	茎	花径(cm)	总苞	舌状花
万寿菊	*T. erecta*	60～90	粗壮、绿色	5～13	钟状	边缘常皱曲
孔雀草	*T. patula*	20～40	细长、紫晕	2～6	长圆筒状	基部具红紫斑

7. 毛茛科芍药属 (*Paeonia*) 的牡丹和芍药

	学名	类型	小叶	花	花期
牡丹	*P. suffruticosa*	灌木	小叶宽，前端裂	单生枝顶，花大	4月下旬
芍药	*P. lactiflora*	草本	小叶窄，前端不裂	多朵似簇生枝顶，相对较小	5月中旬

附表：常见易混淆花卉种类识别表

8. 凤仙花科凤仙花属 (*Impatiens*) 的凤仙、新几内亚凤仙、何氏凤仙

	学名	类型	茎	叶	花	园林用途
凤仙花	*I. balsamina*	一年生	直立	披针形，基部有两个腺体	密生于上部叶腋，花柄短	夏秋花坛
新几内亚凤仙	*I. hawkeri*	多年生	丛生	卵披针形，叶脉红色	单生叶腋，花柄长	盆花
何氏凤仙	*I. holstii*	多年生	丛生	卵圆形，叶翠绿	单生叶腋，花柄长	华南常见四季花坛、花钵

9. 花葱科福禄考属 (*Phlox*) 的宿根福禄考、丛生福禄考、福禄考

	学名	类型	茎	叶	花
宿根福禄考	*P. paniculata*	多年生	直立，不分枝	对生	圆锥形花序顶生
丛生福禄考	*P. subulata*	多年生	匍匐，丛生	簇生	花瓣倒心形，有明显缺刻
福禄考	*P. drummondii*	一年生	直立，多分枝	互生	聚伞花序顶生

10. 鸢尾科鸢尾属 (*Iris*) 的鸢尾、蝴蝶花、德国鸢尾、黄菖蒲、花菖蒲、燕子花

	学名	根茎	叶	花径 (cm)	花葶	垂瓣中部	生态习性
鸢尾	*I. tectorum*	粗短	无中肋	8	高于叶丛	白色带紫纹鸡冠状突起	耐荫
蝴蝶花	*I. japonica*	细	无中肋	5	高于叶丛	黄色鸡冠状附属物	耐荫
德国鸢尾	*I. germanica*	粗壮	无中肋	10~17	略高于叶丛	有须毛，黄色	喜光
黄菖蒲	*I. pseudacorus*	粗短	中肋明显	8	近等高	褐色斑纹	喜光、喜水
花菖蒲	*I. ensata*	粗壮	中肋明显	9~15	略高于叶丛	黄斑和紫纹	喜光、喜水
燕子花	*I. laevigata*	细	中肋明显	12	近等高	黄色斑纹	喜光、喜水

附 表

11. 石蒜科水仙属 (Narcissus) 的水仙、黄水仙、红口水仙、玉玲珑

	俗名	学名	花	副花冠	花期
中国水仙	金盏银台 玉玲珑	N.tazetta var.chinensis	伞房花序	浅杯状，黄色 重瓣，无副花冠	2~3月
多花水仙	法国水仙	N.tazetta	伞房花序	浅杯状，黄色或白色，花被和副花冠同色或异色	1~2月
黄水仙	喇叭水仙	N.pseudo-narcissus	单生	喇叭形，与花被片等长，边缘不规则齿状皱褶	3~4月
红口水仙	口红水仙	N.poeticus	单生	浅杯状，黄色或白色，边缘波皱，带红色	4~5月

12. 不同科的菖蒲、石菖蒲、香蒲

	学名	科名	株高(cm)	株形	叶	花	花期
菖蒲	Acorus calamus	天南星科	50~120	直立	剑形，有中肋	肉穗花序黄绿色	6~9月
石菖蒲	Acorus gramineus	天南星科	30~40	丛生	线性，无中肋	肉穗花序黄绿色	4~5月
香蒲	Typha orientalis	香蒲科	100	直立	条带形，无中肋	肉穗花序灰褐色	5~7月

13. 兰科兰属 (Cymbidium) 的春兰、建兰、寒兰、蕙兰、墨兰

种类	学名	叶形	叶缘	花莛高度	小花数量	花期
春兰	C.goeringii	狭带形	细齿	低于叶丛	1~2朵	春
建兰	C.ensifolium	阔线形	全缘	低于叶丛	3~7朵	夏秋
寒兰	C. kanran	叶基部明显收窄	近顶端细齿	与叶等高或高出叶面	5~10朵，稀疏	冬末春初
蕙兰	C. faberi	叶直立，叶基对折	粗齿	与叶丛等高	5~13朵	春
墨兰	C. sinense	叶宽而长	全缘	纤细，高出叶丛	5~17朵	冬末春初

14. 不同科的广东万年青、万年青、花叶万年青、紫背万年青

	学名	科名	株形	叶	花
广东万年青	Aglaonema modestum	天南星科	直立	绿色，互生	肉穗花序黄白色，具佛焰苞，高出叶丛
花叶万年青	Dieffenbachia picta			花叶，集生枝顶	具佛焰苞
万年青	Rohdea japonica	百合科	丛生	绿色	肉穗状花序紧贴叶丛基部
紫背万年青	Rhoeo discolor	鸭跖草科		叶背红色	白色花生于2片紫色大苞片内

15. 旋花科牵牛花属的牵牛、圆叶牵牛、三裂叶薯、五爪金龙和打碗花属的打碗花

	学名	叶	花
牵牛	Pharbitis nil	阔心形，3裂	1~3朵腋生，花大，萼片细长不开展
圆叶牵牛	P.purpurea	阔心形，全缘	1~5朵腋生，萼片短
三裂叶薯	P.triloba	全缘或3裂	聚伞花序腋生，花小而多
五爪金龙	P.cairica	掌状5深裂	1~3朵腋生
打碗花	Calystegia hederacea	三角状卵形，基部戟形或耳形	单生叶腋

附表：常见易混淆花卉种类识别表

中文名称索引

A
矮牵牛	44
矮雪轮	23
爱之蔓	162
安祖花	73
凹叶景天	123
澳洲鸭脚木	137

B
八宝景天	122
芭蕉	76
霸王花	126
白车轴草	175
白蝶花	57
白鹤芋	73
白鹤芋	150
白花菖蒲莲	182
白花赛亚麻	27
白花珍珠草	65
白芨	183
白肋朱顶红	90
白毛掌	127
白三叶	175
白桃花	57
白头翁	52
白网纹草	142
白掌	73,150
百合	86
百日草	41
百日菊	41
百枝莲	73,90
百子兰	73
百子莲	73
百足草	136
斑叶垂椒草	136
斑叶唇凤梨	144
斑叶鸭跖草	167
板凳果	176
半边莲	23
半支莲	23,38
半枝莲	23
蚌兰	147
棒叶落地生根	120
宝绿	124
宝石花	121
报春花	42
报春花类	42
报岁兰	114
爆竹红	48
彼岸花	91
碧冬茄	44
秘鲁百合	89
蝙蝠蕨	135
扁茎蓼	136
扁竹莲	94
扁竹蓼	136
变色兰	85
变叶木	138
波斯顿蕨	133
波斯菊	36
波斯毛茛	80
玻璃翠	56
捕蝇草	158

C
彩虹竹芋	145
彩叶草	47
彩叶凤梨	143
彩叶芋	148
草夹竹桃	66
草兰	114
草茉莉	29
草牡丹	44
草球	125
草玉玲	84
茶花海棠	80
菖兰	94
菖蒲	106
长春花	33
长春蔓	33,161
长生菊	34
长寿花	121
长心叶喜林芋	149
常春藤	33,160
常夏石竹	22
巢蕨	135
朝天椒	43
朝颜花	44,164
赤胫散	174
冲天草	109
臭芙蓉	41
臭灵丹	172
雏菊	34
川乌头	50
穿孔喜林芋	149
垂盆草	122
垂榕	138
垂笑君子兰	74
垂叶榕	138
春菊	34
春兰	114
春羽	149
慈姑	103
慈菇花	88
葱兰	182
葱莲	182
丛生福禄考	66
粗肋草	147
酢浆草	174
翠菊	35

翠雀	18,51	灯芯草	109		F		
	D	地被石竹	22	发财树	137		
打破碗花花	50	地肤	24	法国美人蕉	83		
打碗花	164	地瓜花	81	法国白头翁	80		
大滨菊	60	地锦花	179	番红花	94		
大波斯菊	36	地涌金莲	76	番莲	158		
大丁草	62	地棕	183	番麻	130		
大红芒毛苣苔	166	点地梅	65	反曲景天	123		
大红雀	159	点纹十二卷	129	飞燕草	18		
大花葱	84	吊灯花	162	非洲堇	20,68		
大花飞燕草	18,51	吊金钱	162	非洲菊	38,62		
大花蕙兰	115	吊兰	168	非洲茉莉	142		
大花剪秋罗	54	吊兰花	115	非洲小百合	93		
大花金鸡菊	61	吊钟海棠	56	非洲紫罗兰	20,68		
大花君子兰	74	吊钟花	46	绯牡丹	126		
大花美人蕉	83	吊钟柳	46,67	菲白竹	184		
大花牵牛	44,164	吊竹梅	167	菲黄竹	184		
大花秋葵	30	钓钟柳	46,67	肥皂草	55		
大花天人菊	37	蝶兰	117	肥皂花	55		
大花萱草	71	东方蓼	173	翡翠景天	123		
大花亚麻	27	冬不凋	147	翡翠珠	163		
大理花	81	兜兰	116	粉菠萝	143		
大丽花	81	豆瓣绿类	136	粉花鼠尾草	48		
大丽菊	81	豆瓣掌	120	粉叶石莲花	121		
大蔓樱草	23	杜若	180	粉掌铁兰	144		
大漂	107	短穗鱼尾葵	153	风车草	108		
大吴风草	178	对叶梅	41	风车草	121		
大弦月城	163	多花酢浆草	174	风铃草	43		
大岩桐	82	多叶薔	59	风信子	86		
大叶伞	137		E	凤蝶草	19		
大叶石蒜	74	鹅掌柴	141	凤梨类	143		
大叶仙茅	183	鹅掌藤	141	凤仙花	27		
大种樱草	42	蛾蝶花	21	凤眼莲	105		
待宵草	28,29	鄂报春	42	佛甲草	122		
袋鼠花	166	耳朵红	173	佛手掌	124		
倒挂金钟	56	二叉鹿角蕨	135	扶郎花	62		
德国鸢尾	75	二月蓝	172	芙蓉菊	63		
灯笼花	56			芙蓉葵	30		

中文名称索引

福禄考	66	合果芋	148	红鸟蕉	77
福禄桐	140	何氏凤仙	56	红球	126
富贵草	176	荷包草	180	红升麻	53
富贵竹	152	荷包花	45	红甜菜	24
		荷包牡丹	53	红苋菜	24
G		荷包猪笼	158	红铁	151
高山积雪	32	荷花	98	红网纹草	142
高雪轮	23	荷兰菊	60	红星凤梨	143
革命草	100	荷兰铁	153	红艳蕉	83
狗尾巴红	173	荷叶三七	178	红叶合果芋	148
孤挺花	73,90	鹤顶兰	77,117	红月见草	28
瓜叶菊	39	鹤望兰	77	红掌	73
瓜叶莲	39	黑心菊	40	荭草	173
观赏芭蕉	76	黑叶观音莲	148	喉咙草	65
观赏葱	84	黑种草	18	猴水瓶	158
观赏椒	43	红宝石	149	厚脸皮	120
观音草	182	红背竹芋	145	厚藤	165
观音莲	148	红柄喜林芋	149	忽地笑	91
观音莲	88	红车轴草	175	狐尾武竹	146
观音竹	155	红灯	126	狐尾藻	101
管子草	109	红厚皮菜	24	胡椒木	140
贯叶忍冬	163	红花酢浆草	174	蝴蝶百合	83
广东狼毒	148	红花蕉	76	蝴蝶草	46
广东万年青	147	红花金银花	163	蝴蝶花	21
龟背蕉	149	红花石蒜	91	蝴蝶花	75,178
龟背竹	149	红花鼠尾草	48	蝴蝶兰	116
桂圆菊	40	红花亚麻	27	虎刺梅	128
桂竹香	20	红黄草	41	虎耳草	173
果子蔓	143	红姬凤梨	143	虎耳兰	130
H		红剑	144	虎尾兰	130
海葱	87	红蕉	76	虎纹凤梨	144
海薯	165	红口水仙	92	虎眼万年青	87
海芋	148	红蓼	173	花贝母	85
含羞草	32	红绿草	25	花菜	20
寒兰	114	红落地生根	121	花菖蒲	108
旱荷	159	红毛掌	127	花公草	46
旱荷花	88	红牡丹	126	花菱草	19
旱金莲	159	红鸟赫蕉	77	花蔓草	166
旱伞草	108				

花毛茛	18,80	蕙兰	114	金莲花	159
花生	175	火把莲	72	金露梅	58
花盛球	125	火鹤花	73	金钱草	180
花豌豆	160	火炬花	72	金钱莲	159
花亚麻	27	火球	26	金钱蒲	106
花烟草	44	火星花	93	金钱树	150
花叶黛粉叶	147	火焰兰	93	金粟兰	52
花叶鹅掌柴	141	藿香蓟	33	金娃娃萱草	71
花叶冷水花	139			金线吊芙蓉	173
花叶芦荟	129	**J**		金心巴西铁	151
花叶芦竹	109	鸡儿肠	178	金心香龙血树	151
花叶美人蕉	104	鸡冠花	26	金叶过路黄	179
花叶万年青	147	鸡头米	97	金叶景天	123
花叶芋	148	鸡眼草	176	金银花	163
花烛	73	吉祥草	182	金银藤	163
华夏慈姑	103	急性子	27	金英花	19
皇帝菊	39	蕺菜	172	金鱼草	45,69
皇冠贝母	85	加拿大一枝黄花	64	金盏花	34
黄波斯菊	36	嘉兰	85	金盏菊	34
黄菖蒲	108	假莲藕	97	金盏银台	92
黄胆草	180	假龙头	69	金针菜	71
黄帝菊	39	剪刀草	103	金枝玉叶	120
黄花	61	剪红罗	54	筋头竹	155
黄花	71	剪夏罗	54	锦鸡尾	129
黄花菜	71	建兰	114	锦葵	31
黄花石蒜	91	剑兰	94	锦上添花	128
黄花委陵菜	58	剑叶波斯菊	61	锦紫苏	47
黄金葛	168	江西腊	35	景天属	122
黄金菊	39	姜花	83	镜面草	102
黄金莲	98	姜兰花	83	镜面掌	102
黄毛掌	127	将离	51	九江西番莲	63
黄秋葵	30	椒草类	136	九子兰	114
黄蜀葵	30	角堇	21	韭兰	182
黄水仙	92	节节高	41	酒瓶兰	152
黄椰子	154	金边凤梨	143	酒椰子	153
黄紫罗兰	20	金凤花	59	桔梗	43,65
灰莉	142	金光菊	40	菊花	61
灰莉木	142	金光菊	63	巨丝兰	153
		金琥	125		

中文名称索引

聚花过路黄	179	立金花	97	驴蹄草	97		
卷丹	86	丽春花	19	旅人蕉	77		
君影草	84	丽格海棠	81	绿宝石	149		
君子兰	74	莲花	98	绿串珠	163		
K		莲花掌	121	绿巨人	150		
卡特兰	113	莲生桂子花	59	绿萝	168		
卡特利亚兰	113	亮丝草	147	绿之铃	163		
开喉剑	147	量天尺	126	鸾凤玉	125		
康乃馨	22,54	凌波仙子	92	轮叶马先蒿	67		
空心莲子草	100	铃儿草	53	轮叶婆婆纳	68		
孔雀草	41	铃兰	84	罗马春黄菊	39		
孔雀木	141	令箭荷花	127	萝卜海棠	82		
孔雀仙人掌	127	琉璃菊	35	洛阳花	22		
孔雀竹芋	145	硫华菊	36	落地生根	120		
口红花	166	硫磺菊	36	落新妇	53		
狂刺金琥	125	瘤瓣兰	116	落雪泥	82		
葵花	38	柳叶菊	60	**M**			
阔叶麦冬	181	六出花	89	马鞍藤	165		
阔叶箬竹	184	六角荷	65	马齿苋树	120		
阔叶山麦冬	181	六雪尼	82	马蒿草	67		
L		龙胆	64	马克肖竹芋	145		
喇叭花	44,164	龙胆草	64	马拉巴栗	137		
蜡菊	38	龙角	129	马兰花	178		
兰花草	166	龙舌兰	130	马利筋	59		
兰蕉	83	龙头花	45	马蔺	178		
蓝翠球	33	龙须牡丹	23,38	马蹄草	165		
蓝芙蓉	35	龙爪花	91	马蹄金	97,180		
蓝蝴蝶	75	耧斗菜	18	马蹄莲	88		
蓝花鼠尾草	48	芦荻	109	马头兰	178		
蓝菊	35	芦荟	129	麦秆菊	38		
蓝亚麻	27	芦苇	110	满天星	177		
蓝猪耳	46	芦竹	109	蔓长春花	33,161		
狼牙掌	129	鲁冰花	58	蔓花生	160,175		
老公花	52	鹿角蕨	135	蔓锦葵	31		
老来少	25	鹿铃	84	蔓绿绒类	149		
老枪谷	25	路边黄	179	猫脸花	21		
簕杜鹃	159	路边菊	178	猫尾花	81		
篱天剑	164	驴蹄菜	97	毛百合	86		

毛地黄	46	碰碰香	137	瞿麦	22		
毛姑朵花	52	偏莲座	121	曲玉	124		
没骨花	51	飘香藤	161	**R**			
玫瑰竹芋	145	瓶子草	158	人字草	176		
美国石竹	22	萍蓬草	98	忍冬	163		
美兰菊	39	萍蓬莲	98	日本鸢尾	108		
美丽月见草	28	破铜钱	177	日日春	33		
美女樱	47	匍匐兰	168	绒叶肖竹芋	145		
美人蕉	83	葡萄风信子	86	入腊红	55		
美叶凤尾蕉	141	蒲包花	45	**S**			
美叶光萼荷	143	普通天胡荽	102	洒金榕	138		
美洲水鬼蕉	91	**Q**		赛亚麻	27		
绵毛水苏	70	七叶莲	141	三角梅	159		
模样苋	25	七月菊	35	三棱柱	126		
魔鬼藤	168	七重楼	42	三裂叶薯	164		
茉莉花	142	麒麟花	128	三七	53		
茉莉花	29	麒麟角	128	三七景天	123		
墨兰	114	麒麟菊	81	三色堇	21,46		
墨西哥羽毛草	185	千鸟花	57	三色苋	25		
牡丹	51	千屈菜	101	伞草	108		
N		千日草	26	散尾葵	154		
南美蟛蜞菊	179	千日红	26	扫帚草	24		
南美天胡荽	102,177	千岁兰	130	僧冠帽	65		
南洋森	140	千叶蓍草	59	山党参	183		
南洋杉	140	牵牛	44,164	山红花	54		
鸟巢蕨	135	芡实	97	山兰	114		
鸟乳花	87	墙下红	48	山棉花	50		
茑萝	165	芹菜花	80	山苏花	135		
纽约紫菀	60	琴叶榕	138	山桃草	57		
O		青葙	26	扇芭蕉	77		
欧洲报春	42	蜻蜓凤梨	143	芍药	51		
欧洲常春藤	160	擎天凤梨	143	舌根菊	81		
欧洲水仙	92	秋菊	61	舌叶花	124		
欧洲银莲花	80	秋兰	114	蛇鞭菊	81		
P		秋英	36	蛇目菊	36		
爬藤花	165	球根海棠	80	射干	74		
蓬莱蕉	149	球根秋海棠	80	麝香百合	86		
蟛蜞菊	179	球兰	162	深蓝鼠尾草	48		

中文名称索引

肾蕨	133	水仙	92	天堂之门金鸡菊	61
生石花	124	水罂粟	103	天竺葵	55
胜红蓟	33	水芋	106	条纹十二卷	129
圣诞伽蓝菜	121	水竹草	167	铁海棠	128
圣诞仙人掌	128	水竹芋	104	铁兰	144
狮子花	45	水烛	107	铁炮百合	86
十八学士	89	睡莲	99	铁树	151
十样锦	94	硕葱	84	铁线草	134
石菖蒲	106	四季报春	42	铁线蕨	134
石荷叶	173	四季兰	114	铁线莲	158
石斛	115	四季秋海棠	57	铁线牡丹	158
石斛兰	115	四季秋海棠	81	铜锤草	174
石碱花	55	四季绣球	47	铜钱草	65,102
石莲花	121	四季樱草	42	土白头翁	50
石莲掌	121	松果菊	62	兔儿牡丹	53
石头花	124	松鼠尾	123	兔耳花	82
石竹	22	松叶牡丹	23,38	拖鞋兰	116
矢车菊	35	宿根福禄考	66	橐吾	178
书带草	181	宿根天人菊	37	**W**	
蜀葵	31	酸味草	174	瓦筒花	43
双花	163	随意草	69	晚香玉	29,92
双喜藤	161	碎剪罗	54	万带兰	117
水白菜	107	穗花婆婆纳	68	万年青	147
水菖蒲	106	穗花山奈	83	万年竹	152
水葱	109	梭鱼草	105	万寿菊	41
水芙蓉	98	**T**		王莲	99
水鬼蕉	91	台湾天胡荽	177	网球花	90
水葫芦	105	太阳花	23,38,62	网球石蒜	90
水花生	100	太阳菊	63	网纹草类	142
水蕉	89	昙花	126	忘忧草	71
水金英	103	唐菖蒲	94	忘郁	71
水辣蓼	100	天鹅绒竹芋	145	微型椰子	154
水莲花	107	天胡荽	177	韦陀花	126
水蓼	100	天蓝鼠尾草	48	尾穗苋	25
水柳	101	天蓝绣球	66	委陵菜类	58
水生美人蕉	104	天门冬	146	文殊兰	89
水生鸢尾	108	天人菊	37	文藤	161
水树	77	天堂鸟	77	文心兰	116

文珠兰	89	香豌豆	160	胭脂花	29
文竹	146	香雪兰	94	延命菊	34
乌头	50	向日葵	38	沿阶草	181
五瓣莲	33	项链花	163	艳凤梨	143
五彩凤仙	56	象腿丝兰	153	雁来红	25
五彩石竹	22	象牙白	32	燕子掌	120
五角星花	165	象牙球	125	洋常春藤	160
五色草	47	橡皮树	139	洋地黄	46
五色草	25	小百日菊	41	洋荷花	88
五色椒	43	小波斯菊	36	洋桔梗	65
五色水仙	86	小苍兰	94	洋牡丹	80
五色苋	25	小菖兰	94	洋水仙	86
五爪金龙	164	小地雷	29	洋晚香玉	94
舞女兰	116	小芦铃	84	洋绣球	55
X		小天堂鸟	77	野慈姑	103
西番莲	158	小万寿菊	41	野菊	177
西瓜皮椒草	136	小叶万年青	182	野棉花	50
西红花	94	小种樱草	42	野蒜	93
西洋白花菜	19	蟹爪兰	128	野棕	183
西洋蓍草	59	心叶蔓	162	叶牡丹	20
喜林芋类	149	新几内亚凤仙	56	叶子花	159
细茎针芒	185	星点木	138	夜来香	28,29,92
细茎针茅	185	星冠	125	一串红	48
细叶麦冬	181	星球	125	一串蓝	48
细叶美女樱	47	荠菜	102	一串珠	163
细叶莎草	108	绣球百合	90	一帆风顺	150
夏堇	46	绣球花藤	162	一年蓬	177
夏枯草	70	袖珍椰子	154	一品冠	82
夏兰	114	须苞石竹	22	一叶兰	146
仙客来	82	萱草	71	一丈红	31
仙茅参	183	雪铁芋	150	一枝黄花	64
仙人球	125	雪叶菊	63	银苞芋	150
仙人掌	127	血草	183	银边翠	32
仙人枝	128	勋章菊	38	银脉凤尾蕨	134
仙人指	128	**Y**		银叶菊	63
香菇草	102,177	鸭跖草	166	印度橡胶榕	139
香蒲	107	亚麻	27	英国常春藤	160
香石竹	22,54	烟草	44	莺歌凤梨	144

中文名称索引

樱草	42	月下香	92	竹叶草	166
樱花葛	162	**Z**		转筋草	176
鹦鹉蝎尾蕉	77	杂种金光菊	40	锥花福禄考	66
罂粟秋牡丹	80	再力花	104	子午莲	99
游龙草	165	藏报春	42	紫背万年青	147
鱼腥草	172	藏红花	94	紫背竹芋	145
鱼子兰	52	朝阳花	38	紫萼	72
虞美人	19	折耳根	172	紫花凤梨	144
羽裂喜林芋	149	折鹤兰	168	紫花乌头	50
羽扇豆	58	芝麻花	69	紫娇花	93
羽叶茑萝	165	蜘蛛抱蛋	146	紫锦草	166
羽叶喜林芋	149	蜘蛛兰	91	紫君子兰	73
羽衣甘蓝	20	指甲花	27	紫露草	167
玉蝉花	108	中国报春	42	紫罗兰	20
玉带草	182	中国水仙	92	紫茉莉	29
玉帘	182	中华常春藤	160	紫松果菊	62
玉玲珑	92	中华石竹	22	紫鸭跖草	166
玉麒麟	128	忠心菊	37	紫叶草	166
玉树	120	钟花	43	紫叶酢浆草	174
玉簪	72	皱叶椒草	136	紫叶美人蕉	83
郁金香	88	皱叶肾蕨	133	紫芋	106
鸢尾	75	朱唇	48	紫竹梅	166
元宝	124	朱顶红	73,90	紫锥花	62
圆羊齿	133	朱顶兰	73,90	自由钟	46
圆叶椒草	136	朱蕉	151	棕竹	155
圆叶蔓绿绒	149	珠兰	52	棕子叶	184
圆叶茑萝	165	诸葛菜	172	棕叶芦	183
圆叶牵	164	猪笼草	158	醉蝶花	19
月见草	28,29	猪仔笼	158		
月下美人	126	竹节蓼	136		

拉丁学名索引

A

Abelmoschus moschatus 30
Achillea millefolium 59
Aconitum carmichaeli 50
Acorus calamus 106
Acorus gramineus 106
Acorus gramineus var.pusillus 106
Adiantum capillus-veneris 134
Aechmea fasciata 143
Aeonium haworthii 121
Aeschynanthus spp. 166
Agapanthus africanus 73
Agave americana 130
Ageratum conyzoides 33
Aglaonema modestum 147
Allium fistulosum 84
Allium giganteum 84
Alocasia ×amazonica 148
Alocasia macrorrhiza 148
Aloe saponaria 129
Aloe vera var. chinensis 129
Alstroemeria spp. 89
Alternanthera bettzickiana 25
Alternanthera philoxeroides 100
Althaea rosea 31
Amaranthus caudatus 25
Amaranthus tricolor 25
Ananas comosus var.variegata 143
Androsace umbellata 65
Anemone coronaria 80
Anemone vitifolia 50
Anigozanthos flavidus 166
Anthurium andraeanum 73
Anthurium scherzerianum 73
Antirrhinum majus 45,69
Aquilegia vulgaris 18
Arachis duranensis 160,175
Arachis hypogaea 175
Araucaria cunninghamia 140
Arundo donax 109
Arundo donax var.versicolor 109
Asclepias curassavica 59
Asparagus cochinchinensis 146
Asparagus densiflorus 'Myers' 146
Asparagus setaceus 146
Aspidistra elatior 146
Aster novi-belgii 60
Astilbe chinensis 53
Astrophytum asterias 125
Astrophytum myriostigma 125

B

Begonia elatior 81
Begonia semperflorens 57,81
Begonia tuberhybrida 80
Belamcanda chinensis 74
Bellis perennis 34
Beta vulgaris 24
Bletilla striata 183
Bougainvillea spectabilis 159
Brassica oleracea 20
Bromeliaceae 143
Bryophyllum pinnatum 120

C

Caladium ×hortulanum 148
Calathea makoyana 145
Calathea roseo-picta 145
Calathea zebrina 145
Calceolaria herbeohybrida 45
Calendula officinalis 34
Calla palustris 106
Callirhoe involucrate 31
Callistephus chinensis 35
Caltha palustris 97
Calystegia hederacea 164
Campanula medium 43
Canna generalis 83
Canna glauca 104
Canna indica 83
Canna warscewiczii 83
Capsicum frutescens 43
Caryota mitis 153
Catharanthus roseus 33
Cattleya spp. 113
Celosia argemtea 26
Celosia cristata 26
Centaurea cyanus 35
Ceropegia woodii 162
Chamaedorea elegans 154
Cheiranthus cheiri 20
Chloranthus spicatus 52
Chlorophytum comosum 168
Chrysalidocarpus lutescens 154
Chrysanthemum maximum 60
Clematis spp.& hybridas 158
Cleome spinosa 19
Clivia miniata 74
Clivia nobilis 74
Codiaeum variegatum 138
Coleus blumei 47
Colocasia tonoimo 106
Commelina communis 166
Consolida ajacis 18
Convallaria majalis 84
Cordyline fruticosa 151
Coreopsis basalis 'Heaven's Gate' 61
Coreopsis grandiflora 61
Coreopsis tinctoria 36
Cosmos bipinnatus 36
Cosmos sulphureus 36
Crassula perforata 120
Crinum asiaticum 89
Crocosmia crocosmiflora 93
Crocus sativus 94
Crossostephium chinense 63
Cryptanthus bivittatus 143

Latin name	Page
Curculigo capitulata	183
Cyclamen persicum	82
Cymbidium ensifolium	114
Cymbidium faberi	114
Cymbidium goeringii	114
Cymbidium hybrida	115
Cymbidium kanran	114
Cymbidium sinense	114
Cyperus alternifolius	108
Cyperus prolifer	108
D	
Dahlia pinnata	81
Delphinium grandiflorum	18,51
Dendranthema indica	177
Dendranthema morifolium	61
Dendrobium spp.	115
Dianthus barbatus	22
Dianthus caryophyllus	22,54
Dianthus chinensis	22
Dianthus plumarius	22
Dianthus superbus	22
Dicentra spectabilis	53
Dichondra repens	97,180
Dieffenbachia picta	147
Digitalis purpurea	46
Dionaea muscipula	158
Dracaena fragrans 'Massangeans'	151
Dracaena godseffiana	138
Dracaena sanderiana 'Virens'	152
E	
Echeveria glauca	121
Echinacea purpurea	62
Echinocactus grusonii	125
Echinocactus grusonii var. *intertextus*	125
Echinopsis cubiflora	125
Eichhornia crassipes	105
Epiphyllum oxypetalum	126
Epipremnum aureum	168
Erigeron annuus	177
Eschscholtzia californica	19
Euphorbia marginata	32
Euphorbia milii var. *splendens*	128
Euphorbia neriifolia	128
Euryale ferox	97
Eustoma grandiflorum	65
F	
Fagraea ceilanica	142
Farfugium japonicum	178
Ficus benjamina	138
Ficus elastica	139
Ficus lyrata	138
Fittonia spp.	142
Fittonia verschaffeltii 'Argyoneura'	142
Fittonia verschaffeltii 'Percei'	142
Freesia refracta	94
Fritillaria imperalis	85
Fuchsia hybrida	56
G	
Gaillardia aristata	37
Gaillardia grandiflora	37
Gaillardia pulchella	37
Gaura lindheimeri	57
Gazania rigens	38
Gentiana spp.	64
Gerbera jamesonii	38,62
Gladiolus hybridus	94
Gloriosa superba	85
Glottiphyllum linguiforme	124
Gomphrena globosa	26
Graptopetalum paraguayense	121
Guzmania lingulata	143
Gymnocalycium mihanovichii var. *friedrichii* 'Rubra'	126
H	
Haemanthus multiflorus	90
Haworthia fasciata	129
Haworthia margaritifera	129
Hedera helix	160
Hedera nepalensis	33,160
Hedera nepalensis var. *sinensis*	160
Hedychium coronarium	83
Helianthus annuus	38
Helichrysum bracteatum	38
Heliconia psittacorum	77
Hemerocallis citrina	71
Hemerocallis fulva	71
Hemerocallis fulva 'Stella deoro'	71
Hemerocallis middendorfii	71
Hibiscus grandiflorus	30
Hippeastrum reticulatum	90
Hippeastrum vittatum	73,90
Homalocladium platycladium	136
Hosta plantaginea	72
Hosta ventricosa	72
Houttuynia cordata	172
Hoya carnosa	162
Hyacinthus orientalis	86
Hydrocleys nymphoides	103
Hydrocotyle sibthorpioides	177
Hydrocotyle vulgaris	102,177
Hylocereus undatus	126
Hymenocallis americana	91
I	
Impatiens balsamina	27
Impatiens hawkeri	56
Impatiens holstii	56
Imperata cylindrical	183
Indocalamus latifolius	184
Ipomoea cairica	164
Ipomoea nil	44,164
Ipomoea pes-caprae	165
Ipomoea purpurea	164
Ipomoea triloba	164
Iris ensata	108, 178
Iris germanica	75
Iris japonica	75,178
Iris pseudacorus	108
Iris tectorum	75
J	
Jasminum sambac	29,142
Juncus effusus	109
K	
Kalanchoe blossfeldiana	121
Kalanchoe tubiflora	120
Kalimeris indica	178

Kniphofia uvaria	72	*Neoregelia carolinae*	144	*Penstemon campanulatus*	46,67
Kochia scoparia	24	*Neottopteris nidus*	135	*Peperomia argyreia*	136
Kummerowiae striata	176	*Nepenthes mirabilis*	158	*Peperomia caperata*	136
L		*Nephrolepis auriculata*	133	*Peperomia obtusifolia*	136
Lathyrus odoratus	160	*Nephrolepis exaltata* 'Bostoniensis'	133	*Peperomia serpens* 'Variegata'	136
Liatris spicata	81	*Nicotiana alata*	44	*Peperomia* spp.	136
Lilium dauricum	86	*Nicotiana tabacum*	44	*Perennial chamomile*	39
Lilium lancifolium	86	*Nierembergia frutescens*	27	*Petunia hybrida*	44
Lilium longiflorum	86	*Nierembergia repens*	27	*Phaius* spp.	77,117
Lilium spp.	86	*Nigella damascena*	18	*Phalaenopsis* spp.	116
Linum grandiflorum	27	*Nolina recurvata*	152	*Pharbitis cairica*	164
Linum perenne	27	*Nopalxochia ackermannii*	127	*Pharbitis nil*	44,164
Liriope platyphylla	181	*Nuphar pumilum*	98	*Pharbitis purpurea*	164
Lithops pseudotruncatella	124	*Nymphaea tetragona*	99	*Pharbitis triloba*	164
Lobelia chinensis	23	*Nymphoides peltatum*	102	*Philodendron bipinnatifidum*	149
Lonicera japonica	163	**O**		*Philodendron erubescens*	149
Lonicera syringantha	163	*Oenothera biennis*	28,29	*Philodendron imbe*	149
Lupinus polyphyllus	58	*Oenothera speciosa*	28	*Philodendron oxycardium*	149
Lychnis coronata	54	*Oncidium* spp.	116	*Philodendron selloum*	149
Lychnis fulgens	54	*Ophiopogon japonicus*	181	*Philodendron* spp.	149
Lycoris aurea	91	*Opuntia dillenii*	127	*Phlox drummondii*	66
Lycoris radiata	91	*Opuntia microdasys*	127	*Phlox paniculata*	66
Lysimachia congestiflora	179	*Opuntia microdasys* var.*albispina*	127	*Phlox subulata*	66
Lysimachia nummularia	179	*Opuntia microdasys* var.*rufida*	127	*Phragmites communis*	110
Lythrum salicaria	101	*Ornithogalum caudatum*	87	*Physostegia virginiana*	69
M		*Orychophragmus violaceus*	172	*Pilea cadierei*	139
Malva sinensis	31	*Oxalis corniculata*	174	*Pilea peperomioides*	102
Mandevilla sanderi	161	*Oxalis corymbosa*	174	*Pistia stratiotes*	107
Matthiola incana	20	*Oxalis martiana*	174	*Platycerium bifurcatum*	135
Melampodium lemon	39	*Oxalis violacea* 'Purpule Leaves'	174	*Platycodon grandiflorus*	43,65
Mimosa pudica	32	**P**		*Polianthes tuberosa*	29,92
Mirabilis jalapa	29	*Pachira macrocarpa*	137	*Pollia japonica*	180
Monstera deliciosa	149	*Pachysandra terminalis*	176	*Polygonum hydropiper*	100
Musa basjoo	76	*Paeonia lactiflora*	51	*Polygonum orientale*	173
Musa coccinea	76	*Paeonia suffruticosa*	51	*Polygonum runcinatum*	174
Muscari botryoides	86	*Papaver rhoeas*	19	*Polyscias guilfoylei*	140
Musella lasiocarpa	76	*Paphiopedilum* spp.	116	*Pontederia cordata*	105
Myriophyllum verticillatum	101	*Passionfora* spp.	158	*Portulaca afra*	120
N		*Pedicularis verticillata*	67	*Portulaca grandiflora*	23,38
Narcissus poeticus	92	*Pelargonium hortorum*	55	*Potentilla fruticosa*	58
Narcissus pseudo-narcissus	92	*Pelargonium odoratissimum*	137	*Potentilla* spp.	58
Narcissus tazetta var.*chinensis*	92			*Primula malacoides*	42
Nelumbo nucifera	98				

拉丁学名索引

Primula obconica	42	*Scirpus validus*	109	*Tulipa gesneriana*	88
Primula sinensis	42	*Scutellaria barbata*	23	*Typha orientalis*	107
Primula spp.	42	*Sedum aizoon*	123	**V**	
Primula vulgaris	42	*Sedum* 'Aurea'	123	*Vanda* spp.	117
Prunella vulgaris	70	*Sedum emarginatum*	123	*Verbena hybrida*	47
Pteris ensiformis 'Victoriae'	134	*Sedum lineare*	122	*Verbena tenera*	47
Pulsatilla chinensis	52	*Sedum morganianum*	123	*Veronica sibirica*	68
Q		*Sedum relfexum*	123	*Veronica spicata*	68
Quamoclit coccinea	165	*Sedum sarmentosum*	122	*Victoria amazornica*	99
Quamoclit pennata	165	*Sedum spectabile*	122	*Vinca major*	33,161
R		*Sedum* spp.	122	*Viola cornuta*	21
Ranunculus asiaticus	18,80	*Senecio cineraria*	63	*Viola tricolor*	21,46
Ravenala madagascariensis	77	*Senecio cruentus*	39	*Vriesea carinata*	144
Reineckia carnea	182	*Senecio herreianus*	163	*Vriesea splendens*	144
Rhapis excelsa	155	*Senecio rowleyanus*	163	**W**	
Rhapis humilis	155	*Setcreasea purpurea*	166	*Wedelia trilobata*	179
Rhoeo discolor	147	*Silene armeria*	23	**Y**	
Rohdea japonica	147	*Silene pendula*	23	*Yucca elephantipes*	153
Rudbeckia hybrida	40	*Sinningia speciosa*	82	**Z**	
Rudbeckia laciniata	40,63	*Solidago canadensis*	64	*Zamioculcas zamiifolia*	150
S		*Spathiphyllum floribundum*	73,150	*Zantedeschia aethiopica*	88
Sagittaria trifolia	103	*Spathiphyllum kochii*	150	*Zanthoxylum* 'Odorum'	140
Sagittaria trifolia var.*sinensis*	103	*Spilanthes oleracea*	40	*Zebrina pendula*	167
Saintpaulia ionantha	20,68	*Stachys lanata*	70	*Zephyranthes candida*	182
Salvia coccinea	48	*Stipa tenuissima*	185	*Zephyranthes grandiflora*	182
Salvia coccinea 'Coral Nymph'	48	*Stokesia laevis*	35	*Zinnia angustifolia*	41
Salvia farinacea	48	*Strelitzia reginae*	77	*Zinnia elegans*	41
Salvia guaranitica	48	*Stromanthe sanguinea*	145	*Zygocactus truncatus*	128
Salvia splendens	48	*Syngonium erythrophyllum*	148		
Salvia uliginosa	48	*Syngonium podophyllum*	148		
Sansevieria trifasciata	130	**T**			
Saponaria officinalis	55	*Tagetes erecta*	41		
Sarracenia spp.	158	*Tagetes patula*	41		
Sasa auricoma	184	*Thalia dealbata*	104		
Sasa fortunei	184	*Thysanolaena maxima*	183		
Saxifraga stolonifera	173	*Tillandsia cyanea*	144		
Schefflera actinophylla	137	*Torenia fournieri*	46		
Schefflera arboricola	141	*Tradescantia virginiana*	167		
Schefflera arboricola 'HongKong Variegata'	141	*Trifolium pratense*	175		
Schefflera elegantissima	141	*Trifolium repens*	175		
Schizanthus pinnatus	21	*Tropaeolum majus*	159		
Schlumbergera bridgesii	128	*Tulbaghia vielacea*	93		